Gautam Patra

Estudos sobre os antigénios Schizont de

Gautam Patra

Estudos sobre os antigénios Schizont de

Theileria Annulata com referência à imunidade mediada por células

ScienciaScripts

Cover image: www.ingimage.com

This book is a translation from the original published under ISBN 978-620-2-00522-7.

Publisher:
Sciencia Scripts
is a trademark of
Dodo Books Indian Ocean Ltd. and OmniScriptum S.R.L publishing group

120 High Road, East Finchley, London, N2 9ED, United Kingdom
Str. Armeneasca 28/1, office 1, Chisinau MD-2012, Republic of Moldova, Europe
Printed at: see last page
ISBN: 978-620-7-90374-0

Índice:

TÍTULO Estudos sobre antigénios esquizontes de *Theileria annulata* com referência à imunidade mediada por células.

Autor:**Dr**

Gautam Patra

Capítulo 1

INTRODUÇÃO

A teileriose bovina nos bovinos manifesta-se por pirexia, hiperplasia linfoide, perturbações digestivas e patologia associada devido à destruição de eritrócitos. *As Theileria* são hemoprotozoários transmitidos por carraças que se multiplicam por esquizogonia nos linfócitos, primeiro como macrosquizontes e depois como microquizontes. Posteriormente, os "micromerozoítos" entram nos eritrócitos como corpos pleomórficos não pigmentados, designados por piroplasmas e que representam a fase gametogónica do ciclo de vida. As carraças ixodídeas apanham os piroplasmas que se desenvolvem como "esporozoítos" nos ácinos das glândulas salivares. A infeção adquirida pela larva ou ninfa ingurgitada é transmitida ao gado através da picada da fase ninfal ou adulta seguinte.

Na África Oriental, Meridional e Central, *a Theileria parva* e *a Theileria mutans* são o agente causal de uma síndrome de doença denominada Febre da Costa Oriental (FCE). O outro agente etiológico, *T. annulata*, causa a "teileriose tropical bovina" numa vasta gama de zonas tropicais e subtropicais da Ásia e da Europa, incluindo a Índia.

A teileriose bovina causa perdas económicas consideráveis no gado leiteiro ou de carne devido à mortalidade dos vitelos, ao atraso na maturidade sexual e no crescimento do gado jovem e à queda na produção de leite (Tyler,1981). Na Índia, o problema da teileriose bovina ganhou importância a partir de meados da década de sessenta, quando se verificou a importação em grande escala de diferentes raças de *Bos Taurus* para intensificar o cruzamento de raças, na medida em que todos os grupos etários de *B. Taurus* e a sua descendência cruzada são altamente susceptíveis à *T. annulata.* Assim, a teileriose tornou-se um problema de doença emergente e uma ameaça ao ambicioso plano de aumento da produtividade através do cruzamento de raças.

Foram experimentados vários métodos para controlar a teileriose bovina devida a infecções por *T. parva* e *T. annulata.* A utilização de acaricidas por imersão ou pulverização para controlar os vectores de carraças é dispendiosa, demorada e impraticável nas condições prevalecentes na Índia. Os antibióticos do grupo das tetraciclinas têm um efeito supressor sobre os macrosquizontes, desde que o tratamento seja iniciado no momento da infeção. Mais recentemente, demonstrou-se que a buparvaquona (Butalex R) tem uma propriedade anti-helmíntica potente, podendo ser utilizada como medicamento curativo em animais doentes individuais (McHardy e Wakesa, 1985).

Os bovinos que sobrevivem a um ataque primário de teileriose adquirem um elevado grau de imunidade à reinfeção e as respostas imunitárias protectoras devem-se a anticorpos humorais contra os "esporozoítos" e à imunidade celular contra os "esquizontes" (Morrison, Lalor, Goddeeris e Teale, 1986). É possível a proteção de bovinos susceptíveis através da imunização, quer com uma vacina de cultura de tecidos constituída por macrosquizontes atenuados, quer através da infeção deliberada de bovinos com esporozoítos de tecidos de carraças, seguida da administração de medicamentos anti-helmínticos. Estes métodos de imunização com parasitas vivos foram praticados em vários países, incluindo a Índia.

As vacinas vivas atenuadas utilizadas na FEC e nas teilerioses tropicais têm como limitações o curto prazo de validade, a necessidade de uma longa cadeia de frio para a entrega e a possibilidade de transmissão inadvertida de outros agentes patogénicos durante a vacinação (Morzaria e Nene, 1990). Assim, a identificação do componente antigénico correto do parasita para desenvolver um novo método de imunoprofilaxia foi a principal preocupação dos investigadores que lidam com a infeção de bovinos por *T. parva* e *T. annulata.* Os antigénios proteicos foram identificados na superfície dos esporozoítos de *T. parva* e *T. annulata* que actuam como epítopos para gerar anticorpos de neutralização dos esporozoítos no hospedeiro. As moléculas de proteínas candidatas foram produzidas pelo método de tecnologia de ADN recombinante para posterior imunização de bovinos. Foram utilizados reagentes específicos de células T para isolar os componentes antigénicos em células linfoblastóides bovinas infectadas com macrosquizontes de *T. parva* (Baldwin, Iams, Brown e Grab, 1992).

Esta tese incorpora o resultado da investigação sobre o papel de diferentes fracções proteicas e fracções subcelulares de células linfoblastóides bovinas infectadas com macrosquizontes de *T. annulata* na evocação de uma resposta imunitária mediada por células positiva em ensaios *in vitro*. A tese também inclui o resultado da investigação sobre o papel destas fracções proteicas na produção de uma resposta serológica positiva com anti-soros bovinos conhecidos.

Capítulo 2

REVISÃO DA LITERATURA

Koch (1898) observou parasitas intra-eritrocíticos não pigmentados, em forma de bastonete ou oval, em bovinos, que pensou serem as formas jovens de *Piroplasma bigemina (Babesia bigemina).* Theiler (1904) designou estes parasitas por *Piroplasma parvum*, que se verificou estarem associados à febre da costa leste (= febre da carraça da Rodésia) do gado na África Oriental e Austral. Koch (1905) observou os corpos plasmáticos denominados corpos azuis de Koch (KBB) em bovinos afectados pela FCE. Dschunkowsky e Luhs (1904) descreveram *o Piroplasma annulatum*, que causava uma doença fatal em bovinos na região transcaucasiana da atual URSS. Bettencourt, Franca e Borges (1907) transferiram estas duas espécies para um novo género, *Theileria*, e Gonder (1910) estabeleceu que os corpos azuis de Koch eram a fase esquizogónica de *Theileria.*

Theiler (1906) criou a nova espécie *Piroplasma mutans (Theileria mutans)* em bovinos que sofriam de uma doença mais branda e nos quais os parasitas intra-eritrocíticos eram comuns, mas os esquizontes eram raros nos linfócitos. Yakimoff e Dekhtereff (1930) descreveram outra nova espécie *T. sergenti* em bovinos da Rússia. Atualmente, as quatro espécies geralmente aceites como causadoras de teileriose bovina são *Theileria parva, Theileria annulata, Theileria mutans* e *Theileria sergenti*, sendo todas as outras espécies suprimidas como sinónimos (Uilenberg, 1981).

A teileriose tropical bovina devida a *T. annulata* foi notificada em Portugal, Espanha, Marrocos, na região costeira mediterrânica da Europa, no Médio Oriente, no sul da Rússia, na Sibéria, no Paquistão, na China e na Índia (Purnell, 1978). *Theileria annulata* infectava bovinos *(Bos Taurus* e *B. indicus)* e búfalos indianos *(Bubalus bubalis*), embora os búfalos fossem mais resistentes do que os bovinos (Merutyan, 1955; Dhar, Bhattacharyulu e Gautam, 1973). O parasita também foi registado no bisonte norte-americano (*Bison bison*) e no iaque tibetano (*Bos grueniens*) (Carpana, 1937; Barnett , 1977). Não se conhecem hospedeiros reservatórios mamíferos selvagens (Uilenberg, 1976).

Foi demonstrado que cerca de quinze espécies da carraça dura *Hyalomma* transmitem *T. annulata* por transferência de fase para fase em condições naturais ou experimentais (Galuzo, 1935; Galuzo e Bespalov, 1935; Tselishcheva, 1940; Sergeant, Donatein , Parrot e Lestoquard, 1945; Daubney e Sami-Said, 1951; Delpy, 1952). Na Índia, *Hyalomma anatolicum anatolicum* é o vetor natural mais prevalente de *T. annulata*, embora, em condições experimentais, *H. dromedarii* e *H. marginatum isaaci* também transmitam a doença (Bhattacharyulu, Chaudhri e Gill, 1975).

Na Índia, a teileriose tropical bovina foi registada por Lingard já em 1905 num touro indígena de 2 anos de idade (Mohan, 1972). Edward (1925) identificou *T. mutans* em esfregaços de sangue de bovinos, enquanto Sen (1932), Ware (1936) e Sen e Srinivasan (1937) diagnosticaram *T. annulata* como o agente etiológico. Kathuria (1963) registou surtos de teileriose em explorações militares, mas não conseguiu identificar a espécie de *Theileria*. Foram registados casos naturais de teileriose fatal devida a *T. annulata* em vitelos jovens de raças autóctones e exóticas (Gulati, Swarup e Tyagi, 1967; Gautam, Sharma e Karla, 1970; Sharma e Gautam , 1971 & 1973). Prasad, Ansari e Kuppuswamy (1970) descreveram a teileriose clínica em animais exóticos *(B. Taurus)*, mas identificaram erradamente o organismo causal como *T. parva*, que só está presente na África Oriental e do Sul. A prevalência de *T. annulata* em *B. Taurus* e em bovinos cruzados foi também descrita em Andhra

Pradesh (Narasimhamurthy, Reddy e Eswariah, 1968), Haryana (Gautam e Sharma, 1972) e Madhya Pradesh (Mathur, Jain e Srivastava, 1971). Shastri , Deshpande e Deshpande (1980) registaram a presença de *T. mutans* em animais indígenas e cruzados em Maharashtra, com base na morfologia dos esfregaços de sangue e na ausência de úlceras pontuadas nos abomasos. No entanto, na ausência de quaisquer provas de que a carraça da espécie *Amblyomma* transmite *Theileria* na Índia, os relatos de *T. mutans* são equívocos.

Não existem estudos recentes sobre a incidência da teileriose tropical bovina e a perda de produção ou mortalidade devidas à infeção por *T. annulata* (Tait e Hall, 1990). Pipano (1989) referiu uma mortalidade de 2740 por cento dos bovinos devido a *T. annulata* em Israel. Num inquérito por amostragem aleatória, verificou-se que 18-53% dos bovinos estavam infectados com *T. annulata* na Turquia (Sayin, 1986). Na Índia, verificou-se que 64% dos bovinos cruzados estavam infectados com *T. annulata* em Anand durante um período de quatro anos (Singh, 1986). Bansal, Ray, Srivastava e Subramanian (1987) comunicaram a seropositividade de *T. annulata* em 47-90% dos bovinos cruzados seleccionados aleatoriamente de diferentes grupos etários em quatro explorações diferentes da Índia.

O curso da infeção de *T. parva* em bovinos foi revisto por Wilde (1967) e Barnett (1977). Após a inoculação de um hospedeiro bovino suscetível com esporozoítos por carraças, a primeira evidência de infeção é o aparecimento de linfoblastos infectados com esquizontes no linfonodo que drena o local de inoculação. As células parasitadas são detectáveis 2-3 dias mais tarde na circulação periférica. Uma resposta febril caraterística, com a temperatura rectal a permanecer acima de 39,5 C, começa nos animais após um período pré-patente de 10-17 dias (média de 13,6) na infeção por *T. parva* (Wilde, 1967) e de 8-14 dias (média de 9) na infeção por *T. annulata* (Gautam, 1981). O período pré-patente, o tempo para o início da resposta febril e o tempo para a morte foram largamente governados pelo quantum de infeção (Radley et al., 1974). O curso da infeção e a síndrome clínica parecem seguir padrões semelhantes em *T. annulata* (Gill, Bhattacharyulu e Kaur, 1977; Ray e Subramanian, 1986 a).

A patogénese da teileriose deveu-se à esquizogonia nos linfócitos e à parasitemia intra-eritrocitária (Wilde, 1967; Barnett, 1977). A teileriose tropical bovina causava proliferação linfocítica, linfocitólise, anemia, pirexia, iterícia, mal-estar, dispneia e perturbações digestivas, incluindo abomasite ulcerosa localizada (Robinson, 1982).

A mortalidade, na sequência da infeção com *T. annulata*, em zonas enzoóticas era geralmente menor nos efectivos indígenas (bovinos zebuínos de origem *B. indicus*) em comparação com os efectivos exóticos (raças de *B. Taurus*) introduzidos na zona (Rafyi, Maghami e Hooshmand-Rad, 1965). No entanto, não havia provas concretas de que *o B. Taurus* fosse inerentemente mais suscetível à teileriose do que *o B. indicus* e os efectivos de ambas as espécies apresentavam uma redução da gravidade da síndrome da doença se tivessem sido criados durante gerações em zonas enzoóticas (Barnett, 1977). De acordo com Robinson (1982), a gravidade da teileriose tropical causada por *T. annulata* deve-se à virulência da estirpe, à suscetibilidade do hospedeiro e à dose infecciosa do parasita fornecida pela carraça vectora. Vários trabalhadores relataram a correlação entre a gravidade da teileriose e as elevadas taxas de infestação por carraças que ocorrem durante os meses de verão na região subtropical (Daubney e Sami Said, 1951; Rafyi e Maghami, 1962; Robson, Robb, Hawa e AlWahayyib, 1969; Gautam, 1976).

A recuperação da infeção por *T. annulata* leva ao desenvolvimento de premunidade, e a infeção pode ser transmitida a partir desses animais por inoculação sanguínea. A duração desta imunidade a *T. annulata* em bovinos foi estimada em 290 dias (Dhar, 1973). Os bovinos que recuperam espontaneamente da infeção com *T. parva* são imunes a desafios com o mesmo stock do parasita até 3,5 anos na ausência de reinfeção (Burridge, Morzaria, Cunningham e Brown, 1972). Os esporozoítos de *Theileria* no vetor da carraça iniciam a infeção e são o primeiro estímulo antigénico a induzir uma resposta imunitária eficaz. Gray e Brown (1981) verificaram que os esporozoítos de *T. annulata* perdiam a sua infecciosidade e não se desenvolviam em esquizontes intra-linfocíticos, num sistema de cultura *invitro,* quando eram pré-tratados *in vitro* com o soro de bovinos recuperados da infeção. Musoke *et al.* (1982) relataram a produção de anticorpos em bovinos imunizados por infeção e método de tratamento contra *T. parva*, que eram capazes de neutralizar a infecciosidade dos esporozoítos. Estes trabalhadores identificaram ainda esses anticorpos neutralizantes de esporozoítos na fração Ig G2 de soros imunes.

Durante a infeção aguda ou crónica com *Theileria,* são produzidos anticorpos humorais circulantes para as fases de esquizonte e piroplasma nos bovinos; no entanto, estes anticorpos não foram considerados importantes para a proteção (Wilde, 1967; Cunningham, 1977; Dhar e Gautam, 1978).

Na infeção por *T. parva*, as tentativas de transferir imunidade para animais nativos através de soro imune ou de preparações de gamaglobulina a partir de soro imune (Muhammed, Lauerman e Johnson, 1975) ou através de alimentação colostral (Burridge e Kimber, 1973) não tiveram êxito. Em contrapartida, a transferência de um grande número de células do ducto torácico de dadores imunes para parceiros gémeos chimáricos protegeu-os da febre letal da costa leste (Emery, 1981). Estes resultados sugerem que a imunidade protetora era mediada por células. Na teileriose tropical bovina, causada por *T. annulata*, mecanismos semelhantes parecem regular o mecanismo imunitário (Preston, Brown e Spooner, 1983).

Em bovinos que sofriam de infecções fatais de *T. parva,* foram geradas células T citotóxicas capazes de matar uma série de células-alvo diferentes (Emery, Eugui, Nelson e Tenywa, 1981). Estas incluíam linfoblastos alogénicos parasitados e não parasitados, bem como linfoblastos xenogénicos, mas não as células autólogas parasitadas. Em contrapartida, em bovinos imunizados pelo método de infeção e tratamento ou em animais que recuperaram da infeção, foram geradas células T citotóxicas específicas para as células autólogas parasitadas (Eugui e Emery, 1981; Emery, Eugui, Nelson e Tenywa, 1981). Estes efectores eram detectáveis nas células mononucleares do sangue periférico durante apenas 2 a 4 dias imediatamente após a eliminação da infeção imunitária.

Preston, Brown e Spooner (1983) relataram que a recuperação de vitelos da infeção por *T. annulata* foi acompanhada pelo desaparecimento de macrosquizontes dos linfonodos e pelo aparecimento de células T citotóxicas no sangue ou nos linfonodos. A tipagem de histocompatibilidade (antigénio de linfócitos bovinos - BoLA) indicou que houve produções sequenciais de dois tipos de células T citotóxicas durante a recuperação da infeção primária com *T. annulata* . A expressão da lise pelas células T citotóxicas do primeiro tipo parecia ser restrita ao BoLA. Em contraste, ambos os picos de lise manifestados após a infeção secundária do animal imune pareceram ser restritos a BoLA. Os resultados sugerem que as células restritas ao BoLA estavam estabelecidas na memória imunológica e eram provavelmente autólogas às células T citotóxicas, ao passo que as células citotóxicas não restritas ao BoLA eram células assassinas naturais (Preston, Brown e Spooner, 1983).

Goddeeris, Morrison e Teale (1986) obtiveram clones de linfócitos T estimulando células mononucleares do sangue periférico de bovinos imunes a *T. parva* com células autólogas parasitadas irradiadas. As células T que apresentavam citotoxicidade eram positivas para o marcador BoT8+ , enquanto a maior parte das células eram positivas para o marcador BoT4+ e desprovidas de qualquer atividade citotóxica. Emery, Morrison, Buscher e Nelson (1982) e Morrison *et al.* (1989) relataram a geração de uma população específica de células citotóxicas na imunização contra *T. parva induzida* por esporozoítos e macrosquizontes e, em ambos os casos, a função protetora restringiu-se à linfólise mediada por células.

Em suma, a resposta imunitária protetora à teileriose ocorreu a 3 níveis. Em primeiro lugar, o anticorpo antiesporozoíto em animais imunes reduziu o número de organismos que se estabeleceram no hospedeiro, neutralizando a infecciosidade. Em segundo lugar, o aparecimento de células T citotóxicas que reconheceram alterações antigénicas associadas à infeção nas células infectadas com macrosquizontes de uma forma geneticamente restrita, reconhecendo antigénios MHC BoLA classe I (A-locus) e inibindo assim a proliferação de macrosquizontes (Preston, Brown e Spooner, 1983). É provável que a alteração antigénica gerada pela infeção na superfície das células infectadas com espécies de *Theileria* seja um antigénio do parasita e não uma expressão anormal de moléculas do hospedeiro induzida pelo parasita, uma vez que as células citotóxicas mostraram uma especificidade da estirpe do parasita. Em terceiro lugar, verificou-se a eliminação de linfoblastos infectados e transformados por esquizontes através de reação citotóxica e linfocitólise nas fases mais avançadas da infeção.

Num teste *invitro* de inibição da migração de leucócitos (LMI) concebido para detetar a CMIR, Muhammed , Wagner e Lauerman (1974) demonstraram que os leucócitos do sangue periférico (PBL) de bovinos recuperados do ECF eram inibidos na sua migração para fora de um tubo capilar quando incubados com antigénios de *T. parva*. Num teste de inibição da migração de leucócitos na infeção primária de bovinos infectados experimentalmente com *T. sergenti*, a taxa de inibição foi de 20-30 por cento (Takahashi, Sonoda e Kurosawa, 1980). Singh, Jagdish e Gautam (1977) relataram a inibição da migração de leucócitos periféricos recolhidos de bovinos portadores de *T. annulata* na presença de antigénio de piroplasma.

O fator de inibição da migração de leucócitos contra o antigénio do piroplasma só foi detetável após 4 semanas de infeção de *T. annulata* induzida por esporozoítos, mas foi ameaçado na segunda semana de infeção quando medido contra o antigénio do esquizonte. Uma infeção de desafio secundária, administrada 45 dias após a infeção, provocou um novo aumento da LMI contra ambos os antigénios (Ray e Subramanian, 1986 b). Rehbein *et al.* (1981) verificaram que os linfócitos do sangue periférico (PBL) de vitelos infectados com *T. annulata* produziam o fator de inibição da migração de macrófagos (MIF) na presença de antigénio de esquizonte ou piroplasma. O MIF foi demonstrável no dia 8 após a infeção. A atividade mais elevada do MIF foi registada no 12.º dia em alguns dos animais infectados e no 16.º dia nos outros; ao passo que no 30.º dia já não era demonstrável qualquer MIF. Os "sobrenadados de cultura" obtidos através da incubação de células mononucleares de bovinos infectados com *T. sergenti* em antigénio de piroplasma apresentaram 100 e 67% de atividade de MIF, após uma e três semanas de infeção, respetivamente (Saito *et al.,* 1986).

Foram desenvolvidos vários métodos de imunização contra a FEC e a teileriose tropical. Nesses métodos, a imunidade protetora foi gerada após o estabelecimento da infeção no hospedeiro. Embora as respostas imunes do hospedeiro a *T. parva* e *T. annulata* fossem essencialmente as mesmas, a biologia de cada parasita ditou o curso e a escolha do desenvolvimento e aplicação da vacina. Dos muitos métodos de imunização, apenas dois se revelaram promissores: a vacina de cultura de tecidos de *T. annulata*, que utiliza parasitas atenuados em linhas de células linfoblastóides infectadas com esquizontes, e o método de infeção e tratamento originalmente criado para a ECF e depois desenvolvido para a teileriose tropical (Irvin e Morrison, 1987).

Brown *et al.* (1977) protegeram os bovinos contra *T. parva* infectando-os com estabilizados contendo um número conhecido de esporozoítos e tratando-os subsequentemente com tetraciclina por via intramuscular a níveis de dose de 5 mg/kg nos dias 0 a 3. Radley (1981) obteve o nível máximo de imunidade em bovinos injectando tetraciclina de ação prolongada a 20mg/kg como dose única no dia 0. Esta técnica implicava a recolha de carraças semi-envenenadas, a sua trituração, a centrifugação do material para remover os detritos, a distribuição das suspensões de esporozoítos em tubos de plástico de 0,5 ml e a sua congelação em azoto líquido até ser necessário. No entanto, o êxito das vacinas contra esporozoítos foi limitado pela existência de diferentes estirpes imunogénicas de *T. parva*, tendo este problema sido parcialmente ultrapassado através da mistura de estabilizados derivados de várias estirpes no cocktail "Muguga" (Uilenberg *et al.*, 1977). Gill, Bhattacharyulu, Kaur e Singh (1977) imunizaram o gado contra a teileriose tropical *(*infeção por *T. annulata*) utilizando uma ou duas doses de uma oxitetraciclina de ação prolongada após a infeção com esporozoítos. Dhar, Malhotra, Bhushan e Gautam (1987) e Kumar et al. (1990) utilizaram buparvaquona para tratar o gado na altura da infeção por *T. annulata* e conseguiram uma imunização bem sucedida.

O sucesso do cultivo *in vitro* de *T. annulata* em Israel (Tsur-Tchernomoretz, 1945) foi o avanço significativo no desenvolvimento da vacina de cultura de esquizontes. A virulência dos esquizontes de *T. annulata* foi reduzida com uma cultura *in vitro* prolongada e os parasitas atenuados foram utilizados para imunizar o gado (Pipano, 1984). Na Índia, Gill, Bhattacharyulu, Kaur e Singh (1976) relataram que uma vacina contra esquizontes obtida após 15 passagens em cultura do isolado "HIssar" de *T. annulata,* produziu respostas clínico-parasitológicas muito ligeiras e os vacinados ficaram imunes ao desafio induzido por carraças.

Subramanian, Ray e Naithani (1986) relataram atenuação nas células infectadas com macrosquizontes para um isolado local (IVRI) de *T. annulata.* Um desafio induzido por esporozoítos nos vitelos vacinados com macrosquizontes atenuados não precipitou uma reação clínica, mas causou uma parasitemia eritrocítica baixa (< 1 por cento) em cerca de 10 por cento dos animais. Num ensaio de campo com a vacina contra a esquizonte, Subramanian, Srivastava, Bansal e Ray (1988) não registaram qualquer reação adversa ou efeito negativo sobre a saúde geral e o crescimento de jovens machos e fêmeas de um ano. A vacina de cultura de tecidos não produziu qualquer reação adversa em 94% dos vitelos neonatais com menos de 14 dias de idade, mas poucos vitelos desenvolveram sintomas clínicos de trilichiose (Subramanian, Bansal, Ray e Srivastava, 1989). A vacina atenuada de macroschizont contra a EFC não foi bem aceite porque era difícil definir com precisão o ponto em que a atenuação era alcançada sem perda de imunogenicidade e porque era necessário um grande número de células infectadas de schizont para a imunização, o que ocasionalmente causava reacções graves de ECF.

Musoke, Nantulya, Rurangirwa e Buscher (1984) observaram que o anticorpo neutralizante contra esporozoítos de *T. parava* não era específico da estirpe e que os antigénios com epítopos comuns para este anticorpo podiam ser seleccionados como moléculas candidatas para o desenvolvimento de vacinas. Dobbelaere, Spooner, Barry e Irvin (1984) produziram um anticorpo monoclonal que neutralizava a infecciosidade dos esporozoítos de *T. parva em* ensaios *in vitro* com linfócitos. Uma glicoproteína de superfície dos esporozoítos de aproximadamente 67 Kd foi detectada com um anticorpo monoclonal (Dobbelaere, Shapiro e Webster, 1985). O gene que codifica a proteína 67 Kd foi clonado e foram produzidas grandes quantidades de proteína recombinante. Demonstrou-se que a proteína recombinante confere proteção contra a FEC em bovinos (Musoke *et al.,* 1992).

Williamson *et al.* (1989) produziram dois anticorpos monoclonais contra esporozoítos de *T. annulata* que exibiram atividade neutralizante para esporozoítos *no* ensaio de bloqueio de invasão de leucócitos *invitro* (Preston e Brown, 1985). Os anticorpos monoclonais foram utilizados para analisar uma biblioteca de expressão genómica de *T. annulata, a* fim de isolar os genes que codificam os epítopos reconhecidos. Williamson et al. insistiram na necessidade de desenvolver uma vacina "cocktail" que incluísse antigénios derivados dos esporozoítos, bem como linfoblastos infectados com esquizontes de *T. annulata.*

Shiels, McDougali, Tait e Brown (1986) detectaram um antigénio associado à infeção com um anticorpo monoclonal na superfície de linfócitos bovinos infectados com macrosquizontes de *T. annulata* . Estudos posteriores mostraram que a ligação destes anticorpos monoclonais na presença de complemento suprimia a proliferação de linfócitos parasitados *in vitro* (Preston *et al.,* 1986). Brown, Lonsdale-Ecles, DeMartini e Grab (1990) e Baldwin, Iams, Brown e Grab (1992) utilizaram clones de células T auxiliares bovinas específicas de T. *parva* (BoT4+) para caraterizar o antigénio associado a células linfoblastóides infectadas com *T. parva* schizont. No ensaio de proliferação de linfócitos, os clones de células T foram estimulados por uma fração solúvel de sobrenadante de alta velocidade (HSS) de linfoblastos infectados. Os clones produziram IFN-Y e fator de crescimento de células T em resposta ao HSS. A purificação do HSS através de diferentes processos cromatográficos produziu três picos principais de atividade. As principais proteínas destas fracções tinham uma massa molecular de 9-10 Kd.

Capítulo 3

MATERIAIS E MÉTODOS

1. ANIMAIS EXPERIMENTAIS

Os bezerros machos cruzados *(Bos Taurus ^x Bos indicus* £) foram utilizados no experimento. Os bezerros nasceram na fazenda Diary do Indian Veterinary Research Institute, Izatnagar, e foram desmamados com 15 dias de idade. Os bezerros foram transferidos para o galpão à prova de carrapatos da Divisão de Parasitologia quando tinham um mês de idade e foram mantidos com uma ração de leite desengordurado e concentrados de grãos. Os esfregaços de sangue dos vitelos, corados com Giesma, foram examinados antes de serem incluídos na experiência. Os vitelos tinham 6-8 semanas de idade quando foram infectados.

2. O PARASITA

Uma estirpe de *Theileria annulata,* isolada de "Parbhani" (PBN) do estado de Maharashtra (Deshpande, 1989) e mantida como "estabilizado" criopreservado da carraça infetada *Hyalomma anatolicum anatolicum* em azoto líquido (-196 °C), estava disponível para o presente estudo.

3. CULTURA *IN VITRO* DOS MACROSQUIZONTES

Para o presente estudo, estava disponível uma linha celular de células linfoblastóides bovinas infectadas com macrosquizontes de *T. annulata* (estirpe PBN). Tratava-se de uma cultura em suspensão de linfoblastos bovinos infectados e transformados, cultivados em meio essencial mínimo de Eagle (MEM) (GIBCO, EUA), de acordo com o método já descrito (Subramanian, Ray e Naithani, 1986) e criopreservados em azoto líquido (-196 °C).

Uma ampola contendo 2x107 linfoblastos bovinos infectados criopreservados, colhidos de uma cultura com 200 dias, foi descongelada em água corrente da torneira. As células foram lavadas duas vezes com MEM e a sua viabilidade foi verificada pelo método de exclusão do corante azul de Trypan (Tennant, 1964). As células infectadas foram multiplicadas em frascos de Roux como uma cultura em suspensão em MEM contendo 12% de soro bovino inactivado pelo calor, 250 ug/ml de hidrolisado de lactoalbumina (Sigma, EUA), 50 ug/ml de extrato de levedura (Difco laboratories , EUA), 100 UI/ml de penicilina e 100 ug/ml de estreptomicina.

4. INFECÇÃO EXPERIMENTAL

Os vitelos foram infectados de duas formas:

(a) Por inoculação subcutânea perto do nódulo linfático pré-escapular esquerdo com 10 esporozoítos de tecido de carraça triturados equivalentes a carraça (estabilizados criopreservados).

(b) Por inoculação subcutânea perto do nódulo linfático pré-escapular esquerdo com 4 x 10^6 células linfoblastóides bovinas infectadas com macrosquizontes (multiplicadas em cultura de tecidos).

5. CONTROLO DA INFECÇÃO

(a) A temperatura rectal dos vitelos foi registada diariamente. Uma temperatura de 39,5°C ou acima foi considerado como febre.

(b) O tamanho do gânglio linfático pré-escapular esquerdo foi registado diariamente. O "índice de macrosquizontes" (MSI) foi registado no esfregaço corado com Giesma do material de biopsia obtido do gânglio linfático aumentado. O MSI foi expresso como a percentagem de células linfoblásticas infectadas.

(c) Foram preparados esfregaços de sangue corados com Giesma dos vitelos experimentais a partir da circulação periférica em dias alternados e examinados microscopicamente. A percentagem de eritrócitos parasitados foi registada.

6. ANTIGÉNIO SOLÚVEL DE SCHIZONT

Os linfoblastos bovinos contendo macrosquizontes de *T. annulata* (estirpe PBN) foram colhidos da cultura de células e lavados três vezes com PBS (Ph7.2). O sedimento contendo um número total de 2,5 x108 células infectadas foi suspenso em 4 ml de PBS contendo 300 ug/ml de inibidor de protease (fluoreto de fenilmetilsulfonilo - PMSF-Sigma, EUA) e submetido a ultra-sons cinco vezes durante 30 segundos cada e durante intervalos de 30 segundos entre cada ultra-sons num desintegrador ultrassónico MSE-100 Watt com amplitude máxima (8u). As células sonicadas foram centrifugadas a 5000 rpm (3110xg) durante 15 minutos a 4° C (centrifugadora Hitachi de alta velocidade refrigerada).

O sobrenadante foi recolhido e o teor de proteínas foi ajustado para 4 mg/ml com PBS (com PMSF). Uma quantidade de 5 ml deste antigénio (concebido como lisado de células inteiras-WCL) foi filtrada através de um filtro de 0,2 um (Acrodisc estéril, Gelman Sciences, EUA) e armazenada a - 20 °C em pequenas alíquotas.

Foi utilizada uma quantidade de 10 ml do antigénio para o fracionamento das proteínas com sulfato de amoníaco.

7. FRACCIONAMENTO DO ANTIGÉNIO DO ESQUIZONTE

Seguiu-se o protocolo normalizado de Englard e Seifter (1990) para o fracionamento do antigénio de schizont com sulfato de amónio. Colocou-se uma quantidade de 10 ml de antigénio de schizont solúvel (lisado de células inteiras) com 4 mg de proteína por ml de PBS num copo, embalado em gelo para baixar a temperatura da solução para aproximadamente 0 °C. Adicionou-se sulfato de amónio sólido em pó (E.Merck, Índia, grau analítico), na quantidade necessária, à solução proteica, com agitação constante num agitador magnético. O pH da solução foi ajustado para próximo de 7,2 com NH4OH 1N, CONFORME NECESSÁRIO. A solução foi então centrifugada a 10.000 rpm (11.963 x g) durante 15 minutos a 4 °C. O precipitado húmido foi suspenso em 4 ml de PBS contendo PMSF e dialisado (Dialysis Sack, Sigma) contra o tampão durante 24 horas. O dialisado foi filtrado através de um filtro de 0,2 um e armazenado a -20 ° C após a estimativa do teor de proteínas. O sobrenadante foi processado para posterior fracionamento com sulfato de amónio. No total, foram preparadas e armazenadas cinco fracções proteicas a níveis de saturação de 20, 40, 50, 70 e 90% de sulfato de amónio, tal como acima descrito.

8. FRACÇÃO SUBCELULAR DE LINFOBLASTOS INFECTADOS

Foi seguida a metodologia descrita por Lemonnier, Mescher, Sherman e Burakoff (1978).

Os linfoblastos bovinos (2,5 x 10^8) contendo macrosquizontes foram colhidos de culturas de tecidos e lavados três vezes com PBS. O sedimento foi suspenso em PBS (com PMSF) e submetido a ultra-sons como descrito acima. As células sonicadas foram centrifugadas a 5000 rpm (3110 x g) durante 15 minutos a 4 ° C. O sedimento foi suspenso em 4 ml de PBS e filtrado (0,2 um). O filtrado foi armazenado a - 20 °C após a estimativa do teor de proteínas e rotulado como "Low Speed Pellet" (LSP). O sobrenadante foi centrifugado a 13000 rpm (22000 x g) a 4 °C durante 30 minutos. O sobrenadante resultante foi filtrado (0,2 um) e armazenado como "High Speed Supernatant" (HSS) a -20 ° C após a estimativa do seu conteúdo proteico. O inibidor de proteases (PMSF) foi adicionado a cada fração conforme descrito.

9. ESTIMATIVA DE PROTEÍNAS

A estimativa das proteínas do antigénio solúvel do esquizonte, das proteínas fraccionadas e das fracções subcelulares foi realizada de acordo com a metodologia de Lowry, Rosenbrough, Farr e Randall (1951). A intensidade da cor foi lida num espetrofotómetro (Systronic, modelo n.º 106 MK 11) a 650 nm.

10. ENSAIO DE IMUNOABSORÇÃO ENZIMÁTICA (ELISA)

a) Amostras de soro

As amostras de soro positivas foram colhidas de dois vitelos machos cruzados que foram imunizados com 4 x 10 6 linfoblastos bovinos atenuados infectados com macrosquizontes de *T. annulata* (estirpe PBN) e, em seguida, reforçados duas vezes com o mesmo número de linfoblastos viáveis infectados com a estirpe homóloga de *T. annulata a* intervalos mensais. As amostras de soro foram colhidas 15 dias após os últimos inóculos de desafio e armazenadas a -20 ° C em alíquotas de 0,5 ml, sem adição de qualquer conservante. Foi utilizada uma amostra de soro fetal de vitelo (Difco Laboratories) como controlo negativo no teste ELISA.

b) Revestimento da placa ELISA

As proteínas solúveis de LSP e HSS; o lisado de células inteiras e as proteínas fraccionadas de linfoblastos infectados com esquizontes foram diluídos com PBS (Ph 7,2) para ajustar a concentração de proteínas a 20 ug/ml. Colocaram-se 100 ul de cada um dos antigénios diluídos em quatro poços diferentes de uma placa ELISA de fundo plano com 96 poços (Dynatech, Reino Unido). Deixou-se que o revestimento se efectuasse durante a noite a 4 °C.

c) Procedimento ELISA

Para efetuar o ELISA, seguiu-se a metodologia de Almeida *et al.* (1979) com modificações.

Os alvéolos revestidos com antigénio da placa ELISA foram esvaziados e lavados com quatro mudanças de PBS contendo 0,05 % de Tween 20 (V.P. Chest Institute, Deli). O excesso de líquido foi retirado da placa ELISA batendo suavemente, em posição invertida, contra o papel de filtro Whatman n.º 1. Adicionaram-se a cada alvéolo 200 ul de tampão de bloqueio contendo 1 % de BSA (albumina de soro bovino - Hi-Media Laboratories, Bombaim) em PBS e incubou-se à temperatura ambiente durante 60 minutos. Os poços foram lavados e secos como descrito acima. As duas amostras de soro positivo e o soro de controlo negativo foram diluídos individualmente a 1:100 com PBS e 100 ul de cada soro diluído foram aplicados separadamente em cada um dos três alvéolos revestidos com um antigénio específico. Aplicaram-se 100 ul de PBS a cada um dos alvéolos revestidos com um antigénio específico. A placa ELISA foi incubada à temperatura ambiente durante 60 minutos e, em seguida, lavada como acima indicado.

Aplicar em cada poço 100 ul de uma diluição de 1:1000 do conjugado Horse Radish Peroxidase-antibovine Ig (Sigma, EUA) em PBS e incubar à temperatura ambiente durante 60 minutos. A lavagem dos alvéolos foi repetida como acima indicado. Aplicar em cada poço 100 ul de solução de "substrato" recentemente preparada (tampão citrato-fosfato 50 ml, ortofenilenodiamina 20 mg, 40 ul de H_2O_2 a 30 %) e incubar durante 30 minutos à temperatura ambiente no escuro. A densidade ótica (DO) foi registada num leitor ELISA (leitor de microplacas Vmax Kinetic - Molecular Devices, EUA) a 405 nm.

11. TESTE DE INIBIÇÃO DA MIGRAÇÃO DE LEUCÓCITOS (LMIT)

a) Isolamento de linfócitos sensibilizados

As células mononucleares do sangue periférico (PBMC) de vitelos infectados experimentalmente (induzidos por esporozoítos/ macrosquizontes) foram colhidas uma vez antes da infeção e depois no 16.º dia após a infeção pelo método de Boyum (1968), utilizando "Histopaque" (SIGMA). Os PBMC foram lavados duas vezes em MEM e finalmente suspensos em MEM contendo antibióticos. A concentração de células foi ajustada para 1x 10^6 PBMC por ml de meio.

b) Sobrenadante de cultura

Os sobrenadantes de cultura (SC) dos linfócitos foram preparados de acordo com o método de Rehbein *et al.* (1981). As 2 x 10^6 PBMC viáveis foram incubadas separadamente com 200 ug de cada um dos antigénios proteicos, nomeadamente, LSP, HSS, WCL e fracções proteicas de linfoblastos infectados com esquizontes ou sem antigénio, numa placa de 24 poços (Nunclon, Dinamarca) num volume total de 2 ml de MEM por poço. As células foram incubadas a 37°.

C sob tensão de CO_2 utilizando a técnica do frasco de vela (Jensen e Trager, 1977). Após 72 horas, a CS foi recuperada por centrifugação das células a 1100 rpm (500xg) durante 15 minutos e filtrada através de um filtro de 0,2 um. As CS obtidas por incubação das células com um antigénio específico ou sem antigénio foram rotuladas em conformidade e armazenadas a -20 °C.

c) Procedimento LMIT

O LMIT foi efectuado de acordo com Hussain e Mohanty (1979). Os leucócitos totais foram separados do sangue de um vitelo macho cruzado normal pelo método do choque com água. O sangue (60 ml) foi colhido ascepticamente da veia jugular do vitelo numa seringa de plástico contendo 30 unidades de heparina sem conservantes (Hi-Media Laboratories, Bombaim) por ml. A cada 10 ml de sangue foram adicionados 20 ml de água destilada estéril. A mistura foi agitada suavemente durante 45 segundos e, em seguida, foram adicionados 10 ml de NaCl estéril a 2,7 por cento para restabelecer a istonicidade. A suspensão foi centrifugada a 2500 rpm (1000 x g) durante 10 minutos. O pellet de células foi lavado 3 vezes com Eagles MEM e a sua viabilidade foi determinada como superior a 90 por cento pelo método de exclusão do corante azul de Trypan. A concentração de células foi ajustada para 5x107 por ml de MEM e foi introduzida em capilares de vidro (diâmetro -1 mm). Os capilares foram selados a quente numa das extremidades, tendo o cuidado de não aquecer a suspensão de células, e depois centrifugados com a extremidade selada para baixo a 1000 rpm durante 3 minutos à temperatura ambiente. Os capilares foram cortados na interface célula-fluido e imobilizados em cavidades da placa LMIT (Laxbro, Índia) com massa de sílica não tóxica. As cavidades foram preenchidas com CS adequado e cobertas com vidro de cobertura, sendo depois incubadas a 37 °C durante 20 horas numa câmara húmida sob tensão de CO2. A área de migração das células no SC preparado com um determinado antigénio e no CS preparado sem antigénio foi registada num papel gráfico centimétrico com a ajuda de uma câmara lúcida. Os valores em poços duplicados foram calculados como média em cada caso. A percentagem de inibição da migração foi então calculada da seguinte forma

1- Área de migração na SC de ensaio X 100

Área de migração no CS de controlo

12. ENSAIO DE ESTIMULAÇÃO DE LINFÓCITOS

O ensaio de estimulação de linfócitos foi efectuado de acordo com os métodos de Kaneene *et al.* (1978) e Balswin, Iams, Brown e Grab (1992).

a) Colheita de sangue e linfócitos sensibilizados

Foram colhidos cerca de 20 ml de sangue por venopunção jugular de vitelos infectados (induzidos por esporozoítos) no 16.º dia após a infeção, numa seringa descartável estéril contendo heparina sem conservantes (30 U/ml). Uma porção de 5 ml de sangue heparinizado foi diluída 10 vezes com MEM contendo penicilina (100 UI/ml) e estreptomicina (100ug/ml). A porção restante do sangue foi utilizada para a separação das células mononucleares do sangue periférico (PBMC) por centrifugação em gradiente sobre

"Histopaque" como descrito acima. Os PBMC foram lavados três vezes em MEM contendo antibióticos e finalmente suspensos em MEM suplementado com 12% de soro bovino inactivado pelo calor e antibióticos. O número de células foi ajustado para 1x106 células por ml.

b) Ensaio de estimulação

Cem microlitros (100pl) da suspensão de PBMC sensibilizadas ou de sangue total diluído foram colocados separadamente em cada um dos alvéolos de uma placa de cultura de tecidos de fundo plano com 96 alvéolos (Nunclon, Dinamarca). O volume final dos alvéolos foi aumentado para 200 pl com um antigénio específico (lisado de células inteiras, fracções proteicas de células linfoblastóides infectadas comschizont, LSP ou HSS) a uma concentração de 200 pg por ml de MEM (20 pg de proteína por alvéolo). Cada um dos antigénios foi colocado em poços duplicados contendo suspensão de PBMC ou sangue total diluído.

Os poços duplicados foram colocados como controlos, adicionando o seguinte:-

i) PBMC sensibilizados ou sangue total (100 pl) e 100 pl de solução de Concanavalina A (Sigma, EUA) em MEM @ 5 pG por poço.

ii) PBMC sensibilizados ou sangue total (100 pl) E mem 100 pl sem antigénio ou mitogénio (cultura não estimulada).

iii) Linfoblasto bovino infetado com macrosquizontes de *T. annulata* (200 pl de suspensão em MEM contendo 1x105 células) cultivado em cultura de tecidos.

A placa foi incubada a 37 °C durante 5 dias, sob tensão de CO2, num frasco humidificado (exsicador). Aproximadamente 18 horas antes do fim da incubação, a cultura em cada poço foi pulsada com 1 uCi de timidina (Methyl T) (Board of isotope and Radiation technology, Bombaim. Atividade específica 18000 mCi/nmole). As células foram colhidas em papel de filtro de fibra de vidro (Flow Labs., Reino Unido) por uma máquina automática de colheita de microcélulas de 96 poços (Skatron, Noruega) e lavadas sequencialmente com solução salina normal e metanol. Cada filtro foi colocado num frasco de cintilação e seco à temperatura ambiente durante a noite. De seguida, foram colocados em cada frasco 5 ml de líquido de cintilação (contendo 4 g de PPO e 200 mg de POPOP em 1 litro de Toulene) para cobrir o filtro. As contagens foram efectuadas num contador de cintilação líquida RACKBETA 1219 (LKB). Os resultados foram expressos em contagens por minuto (valor médio de poços duplicados) e em índice de estimulação (SI).

$$SI = \frac{\text{CPM em cultura estimulada}}{\text{CPM em cultura não estimulada}}$$

RESULTADOS

1. Resposta clínica e parasitológica em vitelos

1.1 Infeção induzida por esporozoítos

As respostas clínicas e parasitológicas em bezerros após infeção induzida por esporozoítos de *T. annulata* foram apresentadas na Tabela I.

O inchaço do linfonodo pré-escapular esquerdo ocorreu no dia 6 nos bezerros nos. 923 e 703 e no dia 8 nos bezerros nos. 864 e 865 após a inoculação de 10 estabilizadores equivalentes de carrapatos de *T. annulata.* O tamanho do linfonodo era duas vezes maior do que o tamanho normal no 12º dia pós-infeção (PI) no bezerro nº 923, enquanto que nos bezerros nºs 703, 864 e 865 o aumento era três vezes maior. Foi registada uma infeção de 5-8 por cento dos linfócitos com macrosquizontes nos esfregaços corados com Giesma do material biopsiado obtido dos nódulos linfáticos dos vitelos.

Foi registado um aumento da temperatura rectal acima do valor normal no 10.o dia PI nos vitelos n.os 864 e 865 e no 9.o dia PI nos vitelos n.os 923 e 703. A temperatura rectal atingiu um nível máximo de 41 °C nos vitelos n.os 923, 703 e 864 no 15.o dia PI. A temperatura rectal máxima no vitelo n.o 865 foi registada como 40 °C no 16.o dia PI.

Os piroplasmas foram detectados nos eritrócitos dos vitelos entre o 13º e o 14º dia PI. Nos vitelos n.ºs 923 e 703, a parasitemia eritrocitária máxima nos vitelos n.ºs 864 e 865 foi registada em 14 e 52 por cento, respetivamente, no 15º dia PI. Nesta altura, os esfregaços de sangue mostravam um grande número de eritrócitos imaturos (reticulócitos), bem como linfócitos infectados com macrosquizontes.

QUADRO I

Curso da infeção em vitelos[1] *(Bos Taurus* $ x *Bos indicus* .) inoculados com um estabilizador equivalente a 10 carraças de *Theileria annulata* (infeção induzida por esporozoítos

Ani	DIAS PARA	Índice	Máximo	Duração	Temperat	Destino

mal Não.	Início do inchaço dos gânglio s linfátic os g^{n}	Em caso de febre	Primeira aparição de piroplasm as em eritrócitos	Infeção eritrocítica máxima	máximo de macroschi zont (MSI) (%)	de parasitas eritrocítico s (%)	da febre (dias)	ura rectal máxima (C)	2 sobrevi veu (S) Morreu (D)
923	6	9	14	17	5	38	8	41.4	D (18)
703	6	9	14	17	7	18	6	41.0	S
864	8	10	13	15	6	14	7	41.1	S
865	8	10	13	15	8	52	6	40.0	D
									(18)

1. Os vitelos tinham 6-8 semanas de idade quando foram infectados
2. O número entre parêntesis refere-se ao dia pós-infeção em que o vitelo morreu

Nos vitelos n.ºs 923 e 865, foram observados sintomas de anorexia, dispneia, distúrbios digestivos e lacrimação entre o 15º e o 16º dia de incubação e os sintomas permaneceram inalterados até ao 18º dia de incubação, quando os vitelos morreram em decúbito dorsal. Antes da morte, o sangue parecia aguado quando as pontas das orelhas foram perfuradas para fazer esfregaços de sangue. Na necropsia, as carcaças dos vitelos n.ºs 923 e 865 estavam pálidas e ictéricas. Os gânglios linfáticos brônquicos, mediastínicos e pré-escapulares estavam aumentados. O baço estava moderadamente aumentado. Os lobos apicais e cardíacos dos pulmões estavam consolidados. Foram observadas numerosas úlceras perfuradas com bordos elevados na membrana mucosa do abomaso. Nos vitelos n.ºs 703 e 864, os sintomas da doença não eram muito graves e os vitelos sobreviveram.

1.2 Infeção induzida por Schizont

As respostas clínicas e parasitológicas em vitelos inoculados com linfoblastos bovinos infectados com macrosquizontes são apresentadas no Quadro II.

Nos vitelos n.ºs 853, 715, 716 e 1563, o gânglio linfático pré-escapular esquerdo não apresentava qualquer aumento apreciável. Foi registada uma infeção de 1 a 2 por cento dos linfócitos nos esfregaços corados com Giemsa do material de biopsia do nódulo linfático. Entre o 11º e o 13º dia de IP, observou-se um ligeiro aumento da temperatura rectal, que se manteve acima do valor normal durante 1 a 3 dias. Os piroplasmas não foram detectados nos esfregaços de sangue dos vitelos n.ºs 853, 715 e 716. No vitelo n.º 1563 foi registada uma parasitemia eritrocítica de um por cento no 14º dia PI. Não houve sinais de doença em nenhum dos bezerros inoculados com macrosquizontes. Todos os animais sobreviveram até ao fim da experiência.

2. Fracionamento do antigénio do esquizonte

Os resultados do fracionamento do antigénio esquizonte solúvel de *T. annulata* com sulfato de amónio estão resumidos no Quadro III. Nesta experiência, $2{,}5 \times 10^8$ linfoblastos bovinos viáveis infectados com macrosquizontes (placa I) foram colhidos de culturas de tecidos e suspensos em 4 ml de PBS com inibidor de proteases. As células foram submetidas a ultra-sons e centrifugadas a 5000 rpm (3110xg) a 4 °C durante 15 minutos. A proteína solúvel presente no sobrenadante foi recolhida para fracionamento com sulfato de amónio (AS). O fracionamento foi efectuado a partir de 40 mg de proteína solúvel. A 20 por cento de saturação de AS, 12,5 por cento da proteína total foi precipitada. A 40 % de saturação de AS, 25 % da proteína total foi precipitada. A 50 % de saturação de AS, 12,5 % da proteína total foi precipitada. A 70 e 90 por cento do nível de saturação de AS, foram precipitados 12,5 e 8,75 por cento da proteína total, respetivamente.

QUADRO II

Curso da infeção em vitelos[1] *(Bos Taurus ^ x Bos indicus .)* inoculados com linfoblastos[2] infectados com macrosquizontes de *Theileria annulata* .

Anima l Não.	DIAS PARA		Índice máximo de macroschizon t (%)	Parasitemia eritrocítica máxima (%)	Duração da febre (dias)	Temperatura rectal máxima (C)	Destino Sobrevive r d (S) Morreu (D)
	Onse t de febre	Primeiro aparecimento de piroplasmas em eritrócitos					
853	11	0	2	0	1	39.9	S
715	12	0	1	0	3	39.5	S
716	12	0	1	0	1	39.9	S
1563	13	14	1	1	1	39.6	S

1. Os vitelos tinham 6-8 semanas de idade quando foram imunizados

2. 4 $X10^6$ células viáveis multiplicadas *in vitro* durante 200 dias

3. Fracções subcelulares de linfoblastos infectados

Nesta experiência, foram recolhidas duas fracções de linfoblastos bovinos infectados com macrosquizontes e os resultados são apresentados no quadro IV.

Foi colhido um número total de $2,5x10^8$ linfoblastos bovinos viáveis infectados com macrosquizontes a partir de culturas de tecidos. As células foram lisadas por sonicação e centrifugadas a 5000 rpm (3110xg) a 4 °C durante 15 minutos. O sedimento foi ressuspenso em 4 ml de PBS com inibidor de proteases. O sedimento foi processado conforme descrito e concebido como sedimento de baixa velocidade. A concentração proteica desta fração foi de 190 ug por ml de PBS. O sobrenadante foi centrifugado a 13000 rpm (22000xg) a 4 °C durante 15 minutos. O sobrenadante resultante foi concebido como sobrenadante de alta velocidade e a sua concentração proteica foi estimada em 2 mg por ml de PBS.

4. Ensaio de imunoabsorção enzimática (ELISA)

A resposta de anticorpos humorais foi estudada com ELISA, em dois soros colhidos de bezerros nos. 715 e 716. Os vitelos foram inoculados duas vezes por via subcutânea, com 4 x 106 linfoblastos bovinos viáveis infectados com macrosquizontes, em intervalos mensais, após a imunização primária com macrosquizontes atenuados (Quadro II). Uma amostra de soro de cada um dos dois bezerros foi colhida após 15 dias da última inoculação. Os valores de ELISA foram determinados nas amostras de soro, após diluição a 1:100 com PBS (Ph 7,2) contra diferentes antigénios de esquizontes. Os resultados foram resumidos na Fig. I e o padrão do ELISA foi apresentado na placa 2.

O valor ELISA, na amostra de soro de vitelo fetal ou no PBS, contra diferentes antigénios de schizont, não excedeu um valor de absorvância (densidade ótica) de 0,15 a 0,16.

QUADRO III

Fracionamento com sulfato de amónio (AS) de linfoblastos bovinos[1] infectados com Theileria annulata

Sl.No.	Antigénios	Quantidade de proteína2 (mg/ml)	Percentagem de fracionamento (%)
1.	Lisado de células inteiras	4.0 (40.0)	-
2.	20 % da fração A.S.	0.50 (5.0)	12.5
3.	40% da fração A.S.	1.0 (10.0)	25.0
4.	50% da fração A.S.	0.50 (5.0)	12.5
5.	70% da fração A.S.	0.50 (5.0)	12.5
6.	90% da fração A.S.	0.35 (3.5)	8.75

1. Foram colhidas 2,5 x 108 células viáveis da cultura de tecidos, lisadas por sonicação e

centrifugadas a 5000 rpm (3110 xg) durante 15 minutos. O sobrenadante do lisado foi processado para fracionamento [2]

2. Os números entre parêntesis indicam a quantidade total de proteínas.

QUADRO IV

Fracções subcelulares de linfoblastos bovinos[1] infectados com Theileria annulata.

Sl. Não.	Fracções	Quantidade de proteína[2] (mg/ml)	
1.	Pellets de baixa velocidade	0.19	(7.6)
2.	Sobrenadante de alta velocidade	2.00	(20.0)

1. Foram colhidas 2,5 x 10^8 células viáveis da cultura de tecidos e lisadas por sonicação. As fracções foram separadas do lisado.

2. Os números entre parênteses indicam a quantidade total de proteínas

Por conseguinte, estes valores foram tomados como linha de base e um aumento de duas vezes em relação à linha de base foi considerado positivo.

Na amostra de soro positiva n.º. I, colhida do vitelo n.º 715, o valor ELISA (densidade ótica) foi de 0,18 contra 20 por cento e 40 por cento como fracções do antigénio schizont. O valor ELISA aumentou para 0,34 quando foi utilizada uma fração de 50 por cento de AS. Com 70 por cento de fração AS do antigénio de schizont, o valor ELISA do soro foi de 0,36. Os valores ELISA do soro foram de 0,19, 0,17 e 0,24 contra 90 por cento da fração AS, LSP e HSS do antigénio de schizont, respetivamente. Foi registado um valor ELISA de 0,30 contra o antigénio schizont do lisado de células inteiras (WCL).

Na amostra de soro positiva n.º 2, colhida do vitelo n.º 716, os valores ELISA foram de 0,16 e 0,18 quando testados contra fracções de 20 por cento e 40 por cento AS de antigénios de schizont, respetivamente. Quando testado contra uma fração de 50 por cento AS do antigénio de schizont, o valor ELISA foi de 0,30. O valor ELISA do soro foi de 0,36 quando testado contra uma fração de 70 por cento AS. Os valores ELISA foram de 0,22, 0,19 e 0,26 quando os antigénios de revestimento foram, respetivamente, 90 por cento da fração AS, LSP e HSS do antigénio de schizont. O valor ELISA do soro foi de 0,34 quando testado contra o antigénio schizont do lisado de células inteiras (WCL).

FIG. I. Valores ELISA de anti-soros bovinos contra antigénios de esquizontes

ANTIGÉNIOS DE REVESTIMENTO

20-20% Fração de sulfato de amónio.
40-40% Fração de sulfato de amónio.
50-50 por cento de fração de sulfato de amónio.
70-70 por cento Fração de sulfato de amónio.
90-90% Fração de sulfato de amónio.
L.S. P-Pelota de baixa velocidade

H.S. S-Supernatante de alta velocidade
W.C. L-Lisado de células inteiras.

5. Teste de inibição da migração de leucócitos (LMIT)

5.1 Infeção induzida por esporozoítos

O resultado do LMIT na infeção induzida por esporozoítos foi resumido na tabela V. Nesta experiência, os linfócitos foram separados, duas vezes, do sangue do vitelo n.º 703, uma vez antes da infeção (DIA 0) e depois no dia 16 após a infeção com 10 estabilizadores equivalentes de carraças de *T. annulata* (Tabela 1). Os sobrenadantes de cultura (SC) foram preparados incubando os linfócitos separadamente em MEM na ausência de qualquer antigénio ou na presença de diferentes antigénios de esquizontes (A1 a As). A LMIT foi efectuada com leucócitos inteiros separados do sangue de um vitelo bovino normal de raça cruzada e com CS adequados. A extensão da migração dos leucócitos no SC de controlo (preparado sem antigénio) ou no SC positivo (preparado com antigénio) foi representada nas placas 3 e 4, respetivamente.

No LMIT, com CS preparado por incubação de linfócitos da vitela n.º 703 no dia 0 com diferentes fracções de antigénios de schizont (Ai-As), a inibição da migração variou de 25 a 30 por cento. Os dados sobre a percentagem de inibição da migração foram calculados a partir das observações em dois tubos capilares, para cada teste. Por conseguinte, foi tomada como linha de base uma inibição de 30 por cento.

A percentagem de inibição da migração de leucócitos, em CS preparado pela incubação de linfócitos do vitelo nº 703 no 16º dia PI, com os antigénios Ai, A2,A3,A4,A5,A6,A7 e As foi de 30,62,80,36,50,80,65,e 42 por cento, respetivamente (Tabela V).

5.2 Infeção induzida por macroschizont

O resultado do LMIT na infeção induzida por macroschizont foi resumido na Tabela VI.

Nesta experiência, os linfócitos foram separados duas vezes do sangue do vitelo n.º 853, uma vez antes da infeção (dia 0) e depois no dia 16 após a inoculação com 4 X 106 linfoblastos bovinos infectados com macrosquizontes de *T. annulata* (Quadro II). Os sobrenadantes de cultura (SC) foram preparados incubando os linfócitos separadamente em MEM na ausência de qualquer antigénio ou na presença de diferentes antigénios de esquizontes (A1- A8). A LMIT foi realizada com leucócitos inteiros separados do sangue de um vitelo bovino normal de raça cruzada e com SC apropriados.

No LMIT, com CS preparado pela incubação de linfócitos do vitelo n.º 853 no dia 0 com diferentes fracções de antigénios de schizont (Ai-As), a inibição da migração variou de 24 a 31 por cento. Os dados sobre a percentagem de migração foram calculados como um valor médio em capilares duplicados. Nesta experiência, foi tomada como linha de base uma inibição de 31%.

A percentagem de inibição da migração leucocitária, com CS preparado pela incubação de linfócitos do vitelo nº 853 no 16º dia PI com os antigénios Ai, A2,A3,A4,A5,A6,A7 e As foram de 30,60,77,35,50,85,60 e 40 por cento, respetivamente (Quadro VI).

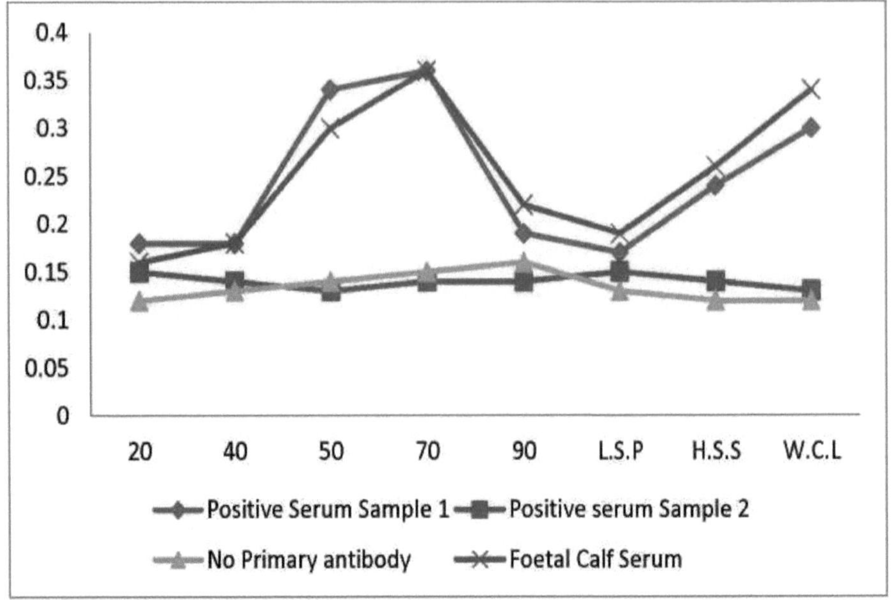

Figure 1

ABLE V

Fator de inibição da migração de leucócitos (LMI) libertado por linfócitos do vitelo n.º 703 infetado com esporozoítos de Theileria annulata na presença de antigénios de esquizontes (A)

Dias após a infeção	PERCENTAGEM LMI							
	Ai	A2	A3	A4	A5	A6	A7	Como
0	25	30	29	27	30	25	26	30
16	30	62	80	36	50	80	65	42

Ai - granulado de baixa velocidade

A2- Sobrenadante de alta velocidade

A3 - Lisado de células inteiras

A4 - 20% Fração de sulfato de amónio

A5 - 40% Fração de sulfato de amónio

Ae - 50% Fração A do sulfato de amónio 7 - 70% Fração de sulfato de amónio

As - 90% Fração de sulfato de amónio

6. Teste de estmulação de linfócitos (LST)

O teste de estimulação de linfócitos foi efectuado separadamente com sangue total e linfócitos sensibilizados isolados do vitelo n.º 864 no 16.º dia após a infeção com esporozoítos (Quadro I). No ensaio de estimulação do sangue total, não existiam dados consistentes, mesmo nos poços de controlo estimulados com mitogénio (concanavalina A). Por conseguinte, o resultado do LST obtido com células mononucleares isoladas contendo linfócitos sensibilizados foi apresentado no quadro VII.

Os resultados do LST foram apresentados como contagem por minuto (CPM) e índice de estimulação (SI). Foi calculada a média dos valores de CPM de dois poços idênticos. A CPM nos linfócitos que não foram estimulados por antigénio ou mitogénio foi de 24 e este valor foi considerado como linha de base. Um aumento de três vezes da CPM em relação à linha de base e, como tal, um SI de 3 ou superior foi considerado como resposta positiva.

QUADRO VI

Fator de inibição da migração de leucócitos (LMI) libertado de linfócitos do vitelo n.º 853 imunizado com macrosquizontes de Theileria annulata na presença de antigénios de esquizontes (A)

Dias após a infeção	PERCENTAGEM LMI							
	Ai	A2	A3	A4	A5	A6	A7	Como
0	30	31	25	24	27	30	29	31
16	30	60	77	35	50	85	60	40

Ai - Aglomerado de baixa velocidade

A2- Sobrenadante de alta velocidade

A3 - Lisado de células inteiras

A4 - 20% Fração de sulfato de amónio

A5 - 40% Fração de sulfato de amónio

Ae - 50% Fração de sulfato de amónio

A 7 - 70% Fração de sulfato de amónio

Como - 90% Fração de sulfato de amónio

QUADRO VII

Resposta de estimulação linfocitária induzida por antigénios de schizont (A) em linfócitos de bovinos infectados com *Theileria annulata*

Estimulador	CPM[1]	SI[2]
A1	58	2.41
A2	85	3.54
A3	102	4.25
A4	63	2.62
A5	66	2.75
A6	98	4.08
A7	84	3.5
Como	53	2.20
Nenhum (não estimulado)	24	-
Concanavalina A	620	25.83
Macroschizont viável (cultura in vitro)	2000	83.33

1 Contagem por minuto - valores médios de poços duplicados

Ai - Aglomerado de baixa velocidade

A2- Sobrenadante de alta velocidade

A3 - Lisado de células inteiras

A4 - 20% Fração de sulfato de amónio

A5 - 40% Fração de sulfato de amónio

Ae - 50% Fração de sulfato de amónio

A 7 - 70% Fração de sulfato de amónio

Como - 90% Fração de sulfato de amónio

A CPM e o SI nos linfócitos estimulados pela concanavalina A foram 620 e 25,83, enquanto que nos linfoblastos bovinos infectados com macrosquizontes de *T. annulata* foram 2000 e 83,33, respetivamente.

A CPM e o SI nos linfócitos estimulados pelo antigénio do sedimento a baixa velocidade (Ai) foram 58 e 2,41, respetivamente. A CPM e o SI nos linfócitos estimulados pelo sobrenadante de alta velocidade (A2) foram de 85 e 3,54, respetivamente. A CPM e o SI nos linfócitos estimulados pela fração de 20 por cento de AS (A4) foram 63 e 2,62, respetivamente. A CPM e o SI nos linfócitos estimulados por uma fração de 40% de AS (A5) foram de 66 e 2,75, respetivamente. A CPM e o SI nos linfócitos estimulados por uma fração de 90 por cento de AS foram 53 e 2,20, respetivamente.

2 O índice de estimulação > foi considerado como uma resposta positiva

Capítulo 4

DISCUSSÃO

A teileriose tropical bovina causada por *Theileria annulata* é um dos principais problemas de saúde de aproximadamente dez milhões de bovinos exóticos e cruzados na Índia (Singh, 1991). Embora não tenham sido efectuados recentemente estudos exaustivos sobre a incidência, a perda de produção ou a mortalidade devidas à infeção por *T. annulata* (Tait e Hall, 1990), foram documentados na Índia vários relatórios que vão desde infecções subclínicas a surtos graves devidos a *T. annulata.* De 5454 esfregaços de sangue de bovinos mestiços aparentemente normais examinados em 1989 em vários centros do Projeto de Investigação Coordenada de Toda a Índia sobre Haemoprotistas do Conselho Indiano de Investigação Agrícola, 15 % dos animais revelaram piroplasma de *T. annulata* (Relatório ICAR, 1989). Em 1983, foram registados surtos de teileriose tropical em explorações organizadas de Gujarat, em que, de 125 novilhas prenhes cruzadas, 45 desenvolveram teileriose, resultando em abortos em 11 e na morte de 12 bovinos. A perda económica devida à infeção por *T. annulata* nos bovinos foi estimada em várias rubricas, nomeadamente o custo do tratamento, a perda devida à mortalidade, a perda indireta de produtividade e, na Índia, a perda total prevista em 6,6 milhões de vacas cruzadas adultas foi estimada em 210 milhões de dólares americanos por ano (Singh, 1991).

Tendo em conta a importância de várias doenças hemoprotozoárias transmitidas por carraças na população bovina de raça cruzada na Índia, foram adoptadas várias medidas para o seu controlo eficaz. As principais medidas de controlo disponíveis para a teileriose tropical são os acaricidas, a quimioterapia com ou sem baixos níveis de infecções induzidas por esporozoítos e a vacinação através de vacinas de linhas celulares atenuadas. A aplicação de acaricidas no gado tem apresentado vários problemas teóricos, como o desenvolvimento de resistência aos acaricidas nas carraças e o aumento da suscetibilidade do gado tratado à teileriose, devido à redução a longo prazo da densidade de carraças infectadas devido aos acaricidas. O aumento crescente do preço do acaricida também proibiu a sua utilização num programa de imersão altamente organizado. A quimioterapia para o tratamento da infeção por T. *annulata* não tem sido utilizada até à data, embora a eficácia de medicamentos como a "buparvaquona" contra a *T. annulata* esteja estabelecida (Mchardy e Wakesa, 1985). O custo da quimioterapia da teileriose bovina foi considerado demasiado elevado em relação aos orçamentos da saúde animal em muitos países em desenvolvimento, incluindo a Índia (Tait e Hail, 1990).

A utilização de linhas celulares de macrosquizontes atenuados como vacinas tem sido a medida de controlo mais generalizada adoptada contra a infeção por *T. annulata* na Índia (Subramanian, Srivastava, Bansal e Ray, 1988; Subramanian, Bansal, Ray e Srivastava, 1989; Singh, 1991). A vacinação de animais com linfoblastos infectados com macrosquizontes atenuados leva ao estabelecimento de uma infeção ligeira devido à transferência dos parasitas das células do dador para as do recetor, tendo-se verificado que este fenómeno é essencial para conferir imunidade. No entanto, as linhas de vacinas exigem sempre a preservação criogénica a temperaturas ultrabaixas de -80 °C a -196 °C para armazenamento e transporte.

Uma vez descongelada, a vacina tem um prazo de validade limitado, a menos que se inicie uma nova cultura. O requisito de criopreservação contínua da vacina tem-se revelado uma limitação potencial em algumas partes da Índia. Além disso, embora os bovinos sejam protegidos pela vacina de linha celular atenuada, esta não impede o aparecimento de estádios eritrocíticos quando os animais são desafiados. Assim, o parasita é mantido no grupo de bovinos vacinados, o que permite que a transmissão da doença continue através das carraças. Nesta circunstância, foi sublinhado o risco potencial de reversão do parasita para a virulência através de aberrações fisiológicas no hospedeiro ou de variações antigénicas no parasita (Tait e Hall, 1990).

A existência de diferentes estirpes imunológicas do agente patogénico é também um fator importante para o desenvolvimento de vacinas vivas bem sucedidas. Estudos anteriores (Gill *et al.,* 1980) revelaram que os isolados de campo de *T. annulata* provenientes de localizações geográficas muito separadas da Índia podem não ser significativamente diferentes entre si. No entanto, trabalhadores em Israel e no Irão relataram uma multiplicidade de estirpes de *T. annulata* que diferiam em virulência e antigenicidade, na medida em que as estirpes ligeiramente patogénicas conferiam apenas uma proteção parcial contra as estirpes virulentas, embora, pelo contrário, as estirpes virulentas conferissem uma boa proteção contra outras estirpes virulentas e avirulentas (Rafyl, Maghami e Hooshmand-Rad, 1965; Pipano, Weisman e Benado, 1974). O isolamento e a caraterização de um isolado de *T. annulata* de Parbhani, Maharashtra, por Deshpande (1989), indicaram a presença de estirpes mais virulentas de *T. annulata* na Índia. Subramanian (1991) sublinhou que a variação imunológica de *T. annulata* existia neste país e que era necessário estabelecer estirpes vacinais adequadas após o isolamento e a caraterização do parasita de diferentes áreas geográficas.

Tendo em conta o problema da utilização da vacina viva atenuada contra o macrossquizonte, foram envidados esforços para conceber vacinas inactivadas contra infecções de bovinos por *T. annulata* e *T. parva.* Para conceber uma vacina eficaz, é necessário identificar a resposta imunitária protetora do hospedeiro e os antigénios pelos quais é induzida. Os bovinos imunizados com uma vacina atenuada de cultura de células de *T. annulata* apresentam uma resistência sólida contra o desafio subsequente de carraças letais (Pipano, 1981). Isto sugeriu que a resposta imunitária induzida contra a fase de macrosquizonte era protetora para o hospedeiro e que os antigénios do parasita que induziram essa resposta poderiam ser um componente importante que reside no linfoblasto bovino infetado com macrosquizonte.

Foi detectado um elevado título de anticorpos humorais contra a macrosquizonte de *T. annulata* em bovinos infectados ou imunizados com *T. annulata.* No entanto, não houve correlação entre o grau de imunidade protetora e o título de anticorpos humorais (Pipano, 1981). Os anti-soros de bovinos imunes não opsonizaram as células infectadas com o parasita nem provocaram a lise dessas células na presença de complementos (Ahmed *et al.,* 1988). Estes resultados indicam que os macrosquizontes não foram sujeitos a qualquer ataque de anticorpos e que o mecanismo imunitário mediado por células foi responsável pela proteção do gado imunizado com macrosquizontes atenuados.

Para os agentes patogénicos que se replicam intracelularmente, foram documentados dois tipos de mecanismos de ação da imunidade mediada por células. Durante a replicação dos agentes patogénicos intracelulares, vários antigénios associados à infeção aparecem na superfície da célula infetada em conjunto com antigénios MHC classe I ou MHC classe II, que podem ser reconhecidos pelos linfócitos T. Os linfócitos T imunologicamente motivados podem participar diretamente na citólise das células infectadas ou podem libertar várias "citocinas" que podem ter um efeito direto nas células infectadas pelo parasita ou podem ativar outras células do sistema imunitário. Na infeção por *T. annulata* em bovinos, foram descritos linfócitos citotóxicos capazes de lisar as células infectadas por *T. annulata* (Preston, Brown e Spooner, 1983). Foi também descrita a produção de várias citocinas pelas células mononucleares do sangue periférico dos animais imunes a *T. annulata* ou *T. parva* na presença de antigénios (Singh, Jagdish e Gautam, 1977; Rehbein *et al.,* 1981; Ahmed *et al.,* 1981). Assim, para identificar os antigénios presentes nas células infectadas com macrosquizontes e que são responsáveis pela indução de proteção nos animais, parece adequado utilizar linfócitos sensibilizados em vez de anti-soros (Innes, 1991).

Nesta tese, foram planeadas experiências para estudar o papel de diferentes fracções solúveis e particuladas de linfoblastos bovinos infectados com macrosquizontes de *T. annulata* na produção de uma resposta positiva no ensaio *invitro* para a resposta imunitária mediada por células (CMIR). As proteínas solúveis do homogenato de linfoblastos infectados foram fraccionadas por sulfato de amónio a 20, 40, 50, 70 e 90 por cento dos níveis de saturação do sal e foram processadas adequadamente para avaliar as suas actividades biológicas em ensaios CMIR. Duas fracções subcelulares, nomeadamente, "pellet de baixa velocidade" e "sobrenadante de alta velocidade" dos linfoblastos infectados foram também preparadas para avaliação em ensaios CMIR. Estas experiências foram planeadas como uma tentativa preliminar de identificar um componente solúvel específico dos linfoblastos bovinos infectados que possa conter o mosaico de epítopos responsável pela indução de uma CMIR protetora num bovino imune. Os diferentes componentes proteicos foram também avaliados em imunoensaio enzimático com amostras de soro bovino hiper-imune conhecido, criado contra o sague de macrosquizontes.

A estirpe de *T. annulata* utilizada no presente estudo foi originalmente isolada de Parbhani (Maharashtra) e subsequentemente caracterizada no laboratório *Theileria*, Indian Veterinary Research Institute (Despandhe, 1989). A estirpe foi criopreservada em azoto líquido (-196 °C), quer como estabilizado (GUTTS) de *Hyalomma a. anatolicum* infetado, quer como linfoblastos bovinos infectados com macrosquizontes. As infecções experimentais foram estabelecidas separadamente em dois grupos de vitelos de raça cruzada ingénuos com esporozoítos criopreservados (equivalente a 10 carraças) ou com 4x106 células linfoblastóides bovinas viáveis infectadas com macrosquizontes, com o objetivo de obter linfócitos sensibilizados para a realização de ensaios CMIR. Dois vitelos foram também hiperimunizados com células infectadas com macrosquizontes, a fim de obter soros bovinos de alto título para utilização em ELISA.

A estirpe "Parbhani" de *T. annulata* foi selecionada para o presente estudo porque a estirpe foi caracterizada como mais virulenta do que a estirpe IVRI. De acordo com Pipano (1974), a taxa de replicação do parasita em estirpes virulentas foi mais rápida do que a de estirpes avirulentas, um ponto de vista também sugerido por Barnett (1977). Em estirpes virulentas de *T. annulata, esperava-se* que a taxa de linfoproliferação induzida pelo parasita fosse superior à de uma estirpe avirulenta e, por conseguinte, esperava-se uma produção de um maior número de linfócitos sensibilizados num período de tempo comparativamente mais curto em bovinos que sobrevivessem à infeção com uma estirpe virulenta.

Na Índia, vários trabalhadores estudaram o curso da infeção com algumas estirpes ou isolados de campo de *T. annulata.* Estes trabalhadores (Gill, Bhattacharyulu e Kaur, 1977; Ray e Subramanian, 1986a) descobriram que o aumento do quantum de esporozoítos (no estabilizado) tinha uma relação linear com o tempo de início do inchaço dos linfonodos e da febre, bem como com o nível do índice de macrosquizontes e da parasitemia eritrocítica. O tempo até ao aparecimento da primeira parasitemia eritrocítica não dependia do quantum de infeção, mas estava relacionado com o tempo, tal como observado na infeção induzida por esporozoítos de *T. parva* (Radley *et al.,* 1974). Os dias para o início do inchaço dos gânglios linfáticos e da febre numa infeção de *T. annulata* (estirpe IVRI) induzida por esporozoítos, equivalente a 16 carraças, foram de 6 e 8 dias, respetivamente (Ray e Subramanian, 1986a). A parasitemia eritrocítica máxima devido a uma infeção de *T. annulata* (estirpe IVRI) equivalente a 16 carraças variou de 28 a 39 por cento. No presente estudo, a infeção em vitelos devido a uma infeção de *T. annulata* (estirpe Parbhani) equivalente a 10 carraças deu origem a uma parasitemia eritrocítica de 14 a 52 por cento e os dias até ao início do inchaço dos gânglios linfáticos e da febre nestes vitelos variaram de 6 a 8 dias e de 9 a 10 dias, respetivamente (quadro I). Foi registada uma mortalidade de 50 por cento em vitelos ingénuos devido a uma infeção equivalente a 10 carraças de *T. annulata* (estirpe Parbhani), quc foi comparável à de uma infeção equivalente a 16 carraças de *T. annulata* (estirpe IVRI).

Os macrosquizontes de *T. annulata* (estirpe Parbhani) foram cultivados *in vitro* e foram utilizados não só para imunizar vitelos, mas também para a produção de antigénios. Os macrosquizontes que foram cultivados durante 200 dias *in vitro* no laboratório de *Theileria* causaram um atraso no início da febre no hospedeiro e o grau e a duração da febre foram muito ligeiros e curtos, respetivamente (Quadro II). O índice máximo de macrosquizontes foi de cerca de um a dois por cento e uma parasitemia eritrocítica máxima, não excedendo o nível de um por cento, foi registada apenas num dos quatro vitelos (Quadro II). Assim, as linhas celulares de macroschizont que foram multiplicadas durante 200 dias *in vitro* e subsequentemente criopreservadas no laboratório *Theileria* mostraram um elevado grau de atenuação quando testadas no presente estudo.

Os linfoblastos bovinos viáveis infectados com macrosquizontes (2,5 x 10^{8} células) foram colhidos da cultura *in vitro* e submetidos a ultra-sons para obter a fração solúvel do lisado de células inteiras após centrifugação. O volume de sobrenadante solúvel do lisado de células inteiras foi misturado com sulfato de amónio finamente pulverizado a 4 °C para obter uma concentração de sulfato de amónio entre 20 e 90 por cento. Os precipitados foram recolhidos por centrifugação a 10000 rpm durante 15 minutos e finalmente dissolvidos em PBS contendo PMSF. Cada um dos precipitados obtidos a uma concentração de sulfato de amónio de 20, 40, 50, 70 e 90 por cento foi testado quanto à atividade antigénica. As fracções subcelulares de linfoblastos bovinos infectados, nomeadamente o pellet de baixa velocidade e o sobrenadante de alta velocidade, também foram testadas quanto à atividade antigénica.

As amostras de soro para a avaliação dos materiais antigénicos foram escolhidas de bovinos hiperimunizados com linfoblastos bovinos infectados com macrosquizontes atenuados. Dois dos quatro vitelos imunizados com macrosquizontes atenuados (Quadro II) foram inoculados duas vezes com o mesmo número de células que o inóculo primário. Não foram registadas reacções clínicas adversas nos vitelos após a inoculação secundária. Não foram observados macrosquizontes nem piroplasmas eritrocíticos no esfregaço de sangue após as infecções secundárias.

A atividade antigénica das diferentes fracções foi determinada por ensaio de imunoabsorção enzimática. Obteve-se um aumento de duas vezes nas densidades ópticas com amostras de soros positivos em relação aos valores obtidos com amostras de soros negativos quando o antigénio de revestimento era o lisado de células inteiras ou a fração de 70% de A.S. ou a fração de 50% de A.S. (Fig. 1). Assim, considerou-se que o lisado de células inteiras (WCL) ou as suas fracções obtidas com 50 e 70 por cento de sulfato de amónio continham as actividades antigénicas. Foi interessante notar que o antigénio de schizont precipitado em 70 por cento do nível de saturação de sulfato de amónio continha a atividade antigénica mais elevada. Wagner *et al.* (1974) relataram uma descoberta semelhante quando obtiveram a atividade antigénica máxima na análise de imunodifusão na fração proteica do homogenato de macrosquizontes de *T. parva* precipitado com 70% de sulfato de amónio. Nos seus estudos, aproximadamente 80 % do conteúdo proteico do homogenato de macrosquizontes de *T. parva* com alguma da atividade antigénica foi precipitado com 50 % de sulfato de amónio. No presente estudo, apenas 50 % das proteínas do material de partida foram precipitadas até ao nível de saturação de 50 % de sulfato de amónio. 62,5 por cento da proteína total do material de partida foi precipitada até uma concentração de 70 por cento de sulfato de amónio. Não foi possível determinar qualquer atividade antigénica nas fracções de 20, 40 ou 90 por cento de sulfato de amónio dos antigénios de schizont. Nem o sedimento de baixa velocidade nem o sobrenadante de alta velocidade apresentaram qualquer atividade antigénica em ELISA.

Após a utilização de ELISA para determinar as actividades antigénicas de diferentes fracções de antigénios de esquizontes, foram concebidos dois ensaios CMIR para detetar a capacidade dos antigénios para produzir uma resposta CMIR positiva.

Os linfócitos sensibilizados, quando estimulados por um antigénio específico, produzem dois factores solúveis, nomeadamente o fator de inibição da migração de macrófagos (MIF) e o fator de inibição da migração de leucócitos (LIF) (Rocklin, 1974). O MIF inibe a migração dos macrófagos normais de guineapig, enquanto o LIF inibe a migração das células polimorfonucleares (PMN). A produção destas "citocinas" na teileriose bovina está bem documentada. Muhammed, Wagner e Lauerman (1974), trabalhando com infeção por *T. parva*, demonstraram que as células sensibilizadas produziam um fator que inibia a migração de leucócitos. Ray e Subramanian (1986b) demonstraram que os linfócitos sensibilizados na circulação periférica de vitelos infectados com *T. annulata* produziam um fator de inibição da migração de leucócitos (LIF) logo no 14.o dia PI na presença de antigénio de esquizonte. Rehbein *et al.* (1981) detectaram a atividade mais elevada do fator de inibição da migração de macrófagos (MIF) quando os linfócitos sensibilizados de vitelos foram colhidos entre o 12º e o 16º dia de infeção inicial e incubados com antigénio de schizont.

No presente estudo, os linfócitos da circulação periférica de vitelos infectados com esporozoítos ou imunizados com macrosquizontes atenuados, foram colhidos uma vez antes da infeção (dia 0) e uma vez no dia 16 PI. Estes linfócitos foram incubados separadamente em meio de cultura na presença de antigénio de esquizonte inteiro ou das suas diferentes fracções. Os meios sobrenadantes foram então monitorizados quanto à presença do fator de inibição da migração de leucócitos. Foram registados os graus de inibição da migração de leucócitos inteiros de um vitelo normal para fora de um tubo capilar na presença de um determinado fluido sobrenadante. Com base nas observações anteriores de diferentes investigadores, os linfócitos colhidos no 16º dia de infeção PI foram escolhidos para serem testados quanto à libertação do fator solúvel. No presente estudo, os linfócitos sensibilizados obtidos de vitelos infectados com esporozoítos ou vacinados com macrosquizontes atenuados exibiram o mais alto grau de capacidade de produzir o fator de inibição quando incubados com a fração de 50 por cento de sulfato de amónio do antigénio schizont. O grau de inibição obtido com a fração de 50 por cento foi semelhante ou ligeiramente superior ao obtido com o antigénio de esquizonte inteiro (quadros V e VI). Foi interessante notar que também se obtiveram graus de inibição consideráveis com a fração de 70% de A.S. e a fração de HSS dos antigénios de schizont.

A capacidade de diferentes fracções de antigénios de esquizontes de *T. annulata* para montar um CMIR positivo foi ainda mais elucidada no teste de estimulação de linfócitos. Os correlatos mais utilizados da imunidade mediada por células em infecções intracelulares são a medição da estimulação de linfócitos e da hipersensibilidade retardada (DH) após a exposição a antigénios. No teste de estimulação linfocitária, os linfócitos sensibilizados sofrem uma proliferação em contacto com um antigénio específico e transformam-se morfologicamente em células blásticas de maiores dimensões. O grau de estimulação é avaliado quer pela percentagem de células blásticas que sobrevivem na cultura, quer pela incorporação de "timidina" marcada no ADN recém-sintetizado das células estimuladas. Podem ser induzidas alterações comparáveis nos linfócitos pelo mitogénio vegetal "concanavalina A" (Roitt, 1978).

Singh, Jagdish e Gautam (1977) relataram a ocorrência de uma reação de hipersensibilidade retardada aquando da inoculação intradérmica de antigénio solúvel do piroplasma de *T. annulata* em vitelos infectados. Pearson, Lundin, Dolan e Stagg (1979) mediram a resposta imunitária mediada por células através das técnicas de cultura mista de linfócitos (MLR), em que os linfócitos do sangue periférico de bovinos imunes a *T. parva* foram estimulados por linfoblastos bovinos autólogos transformados *in vitro* por *T. parva*. A estimulação dos linfócitos sensibilizados também foi obtida com linfoblastos alogénicos transformados por *Theileria*. Os autores sugeriram que a estimulação nos linfócitos sensibilizados foi causada por propriedades especiais das células transformadas e não simplesmente por diferenças nos antigénios de histocompatibilidade normais. A estimulação foi provavelmente causada pelos antigénios associados à infeção expressos na superfície de células linfoblastóides bovinas viáveis *transformadas por Theileria*.

No presente estudo, linfócitos sensibilizados colhidos do sangue do vitelo no 16º dia após a infeção induzida por esporozoítos foram co-cultivados num micro sistema com antigénio de schizont e as suas diferentes fracções. As culturas de controlo positivo foram estabelecidas por estimulação dos linfócitos induzida por con-A, bem como por linfoblastos viáveis replicantes transformados por *Theileria*. A cultura de controlo negativo foi estabelecida incubando apenas linfócitos sensibilizados sem os estimular com antigénio ou mitogénio. A contagem mais elevada por minuto (CPM) e o índice de estimulação (SI) foram registados na cultura de controlo positivo de linfoblastos infectados com replicação. Em comparação com as culturas de controlo, o SI obtido nos linfócitos sensibilizados co-cultivados com antigénios solúveis de esquizontes foi fraco. No entanto, verificou-se um aumento de três vezes em relação à cultura de controlo negativo, nos valores de CPM, nos linfócitos sensibilizados, co-cultivados com o antigénio de esquizontes inteiro ou com as suas fracções obtidas em sulfato de amónio a 50%. A CPM obtida nos linfócitos sensibilizados co-cultivados com HSS foi comparável à obtida nos linfócitos co-cultivados com HSS foi comparável à obtida nos linfócitos co-cultivados com uma fração de 70 por cento de sulfato de amónio do antigénio de schizont.

Os valores mais baixos de CPM e SI obtidos com antigénios solúveis eram esperados porque foram utilizadas na experiência fracções de células mononucleares inteiras em vez de um clone de células T específico para *T. annulata*. No entanto, não foi utilizada nenhuma célula apresentadora de antigénios (APC) na presente experiência devido à presença de monócitos (macrófagos) nas células respondedoras. Os resultados do presente estudo indicaram que a maior parte das proteínas solúveis funcionais das células linfoblásticas bovinas infectadas com macrosquizontes teria precipitado com uma concentração de 50 a 70 por cento de sulfato de amónio. Em estudos com *T. parva,* os clones de células T citolíticas auxiliares foram utilizados para identificar os epítopos funcionais das células T na fração HSS do antigénio do macroschizont (Baldwin, Iams, Brown e Grab, 1992). Em conclusão, a fração de 50 e 70 por cento de sulfato de amónio do antigénio do macrosquizonte de T. annulata, tal como obtida no presente estudo, pode ser utilizada como material de partida para uma purificação bioquímica adicional e para testes com clones de células T específicos.

RESUMO

Esta tese incorpora o resultado da investigação sobre o papel de diferentes fracções proteicas e fracções subcelulares de células linfoblastóides bovinas infectadas com macrosquizontes de *Theileria annulata* na evocação de uma resposta imunitária mediada por células positiva em ensaios *in vitro.* A tese também inclui o resultado da investigação sobre o papel destas fracções proteicas na produção de respostas serológicas positivas com anti-soros bovinos conhecidos.

Quatro vitelos bovinos de raça cruzada *(Bos Taurus* ^ x *Bos indicus* .) foram infectados com 10 estabilidades equivalentes de carraças de *T. annulata* (estirpe Parbhani). Todos os vitelos apresentaram inchaço do nódulo linfático mais próximo do local de inoculação no prazo de 6 a 8 dias após a infeção. O aumento da temperatura rectal, acima do valor normal, foi registado em todos os vitelos no dia 9 e no dia 10 após a infeção e a resposta febril persistiu durante 6 a 8 dias. Sintomas de dispneia, distúrbios gastrointestinais e lacrimação foram registados em todos os vitelos infectados entre o 15º e o 16º dia PI e os sintomas foram particularmente graves em dois vitelos que morreram no 18º dia PI. Nestes dois vitelos, a parasitemia eritrocítica máxima variou entre 38 e 52%. Na necropsia, as carcaças revelaram sangue fino e aguado, aumento do baço e dos gânglios linfáticos, úlceras perfuradas na membrana mucosa do abomaso e consolidação pulmonar. Os dois vitelos que sobreviveram à infeção apresentaram uma parasitemia eritrocítica máxima de 14 a 18% entre o 15º e o 17º dia de infeção. Nesta altura, os esfregaços de sangue dos vitelos mostravam um grande número de eritrócitos imaturos, bem como linfócitos macroscópicos infectados.

A linha celular de linfoblastos bovinos infectados com macrosquizontes de *T. annulata* (isolado de Parbhani), que foi criopreservada após uma multiplicação *in vitro* de 200 dias, foi obtida e multiplicada para a preparação de antigénio e imunização de vitelos experimentais.

Quatro bezerros de raça cruzada foram imunizados com $4x10^6$ linfoblastos bovinos infectados com macrosquizontes de *T. annulata.* Todos os bezerros sobreviveram sem mostrar qualquer sintoma de doença. Um dos quatro bezerros apresentou um por cento de parasitemia eritrocítica no esfregaço de sangue. Dois bezerros foram hiperimunizados em intervalos mensais com dois inóculos de reforço de 4 x 106 linfoblastos contendo macrosquizontes e as amostras de soro dos bezerros foram armazenadas como anti-soros *de T. annulata.*

Um número total de 2,5 x 108 linfoblastos bovinos infectados com macrosquizontes foi suspenso em PBS contendo inibidor da protease e submetido a sonicação a 4 °C. O sonicado foi centrifugado para recolher o sobrenadante, bem como o sedimento. O sedimento foi suspenso em PBS, filtrado através de um filtro de .2 u e armazenado como "pellet de baixa velocidade" (LSP) a -20 ° C após a estimativa do teor de proteínas. Uma alíquota do sobrenadante foi filtrada e armazenada como "lisado de células inteiras" (WCL) após estimativa do teor proteico. A outra parte do sobrenadante contendo proteínas solúveis foi submetida a fracionamento a níveis de concentração de 20, 40, 50, 70 e 90 por cento de sulfato de amónio. Cada parte das fracções foi dialisada contra PBS, filtrada e armazenada a -20 ° C após adição de inibidor de protease e estimativa do seu conteúdo proteico. O volume de WCL foi preparado separadamente como descrito e centrifugado a 22000 x g para recolher o sobrenadante como "Sobrenadante de alta velocidade" (HSS). O HSS foi armazenado a -20 °C após filtração, estimativa do conteúdo proteico e adição de inibidor de protease.

A propriedade antigénica das fracções de sulfato de amónio (AS) e das fracções subcelulares do antigénio do macroschizont foi estudada em ELISA. As respostas dos anticorpos humorais foram avaliadas em dois anti-soros bovinos positivos contra cada fração do antigénio do esquizonte. Foi considerado como positivo um aumento de duas vezes no valor ELISA (densidade ótica) em relação aos valores (0,15 a 0,16) apresentados pelo soro fetal de vitelo contra cada fração. O valor ELISA mais elevado (0,36) foi registado nas amostras de soro positivas quando testadas contra a fração de 70 por cento AS do antigénio de schizont. Os valores ELISA das amostras de soro foram de 0,34 e 0,30 quando testadas contra WCL. Com a fração de 50 por cento AS do antigénio de schizont, os valores de ELISA nas amostras de soro foram de 0,30 e 0,34. Os anti-soros bovinos não produziram um valor ELISA positivo quando testados contra fracções de 20, 40 e 90 por cento AS e fracções subcelulares viz., LSP e HSS.

As actividades biológicas das fracções antigénicas foram avaliadas em dois ensaios *in vitro* para a resposta imunitária mediada por células (CMIR), nomeadamente, o teste de inibição da migração de leucócitos (LMIT) e o teste de estimulação de linfócitos (LST).

Para a LMIT, foram recolhidas células mononucleares do sangue periférico (PBMC) de cada um dos vitelos infectados com esporozoítos ou imunizados com linfoblastos bovinos atenuados contendo macrosquizontes, no dia 0 e no dia 16 PI. Um número total de 2 x 10^6 PBMC foi incubado com 200 pg de cada uma das proteínas fraccionadas de macrosquizontes de *T. annulata* em 2 ml de meio de cultura de tecidos durante 72 horas a 37 °C, sob tensão de CO_2 aumentada. Os sobrenadantes de cultura (SC) foram separados por centrifugação, filtrados e armazenados a -20 ° C. Foram registadas as percentagens de inibição da migração de leucócitos inteiros de um vitelo normal, para fora de tubos capilares, na presença de um determinado CS. Os dados de base para a LMI (30 a 31 por cento) foram obtidos com o "CS" criado através da incubação de linfócitos colhidos no dia 0. Um padrão idêntico de resposta foi obtido com linfócitos colhidos de vitelos infectados com esporozoítos ou imunizados com macrosquizontes. A LMI máxima (80 a 85 por cento) foi registada com CS criada através da incubação dos linfócitos sensibilizados (dia 16 PI) com 50 por cento da fração AS de macrosquizontes. A inibição da migração de leucócitos variando de 77 a 80 por cento foi registada com CS criado pela incubação de linfócitos sensibilizados (dia 16 PI) com WCL. Foi registada uma migração de leucócitos de 60 a 65% com a CS criada através da incubação de linfócitos sensibilizados com uma fração de 70 por cento de AS ou HSS do antigénio do esquizonte. Os valores de LMI com CS criados através da incubação de linfócitos com fracções de 20, 40 ou 90 por cento de AS ou LSP não subiram acima da linha de base.

No LST, as respostas de estimulação dos linfócitos sensibilizados na presença de WCL e de diferentes fracções de antigénio de macrosquizontes foram estudadas através do "ensaio de captação de timidina". Nesta experiência, 1 x 10^5 PBMC foram colhidas de um vitelo no 16º dia após a infeção induzida por esporozoítos e foram cultivadas durante 5 dias em meio de 200 pl na presença de 20 pg de uma determinada fração de antigénio de esquizonte. Dezoito horas antes da conclusão da cultura, foi adicionado 1 pCi de timidina (metil T) a cada poço da placa de cultura. A contagem por minuto (CPM) nos linfócitos que não foram estimulados pelo antigénio foi registada como 24. Assim, um aumento de três vezes na CPM e um índice de estimulação igual ou superior a 3 foram considerados positivos. A CPM e o SI nos linfócitos estimulados pelo mitogénio "Concanavalina A" foram de 620 e 25,83 por cento, respetivamente. A CPM foi fraca quando os linfócitos foram estimulados com antigénios solúveis de macrosquizontes. Obteve-se um SI positivo em linfócitos estimulados com WCL (4,25), fração de 50 por cento de AS (4,08), fração de 70 por cento de AS (3,50) ou HSS (3,54).

Em conclusão, as fracções de 50 e 70 por cento de sulfato de amónio do antigénio macrosquizonte de *T. annulata* podem ser utilizadas para purificação bioquímica adicional e testadas com clones de células T específicos para *T. annulata.*

MINI-ABSTRACT

A tese incorpora os resultados da investigação sobre o papel de diferentes fracções proteicas e fracções subcelulares de linfoblastos bovinos infectados com macrosquizontes de *Theileria annulata* (estirpe Parbhani) na evocação de uma resposta imunitária mediada por células positiva (CMIR) e na produção de uma resposta serológica positiva em ensaios *invitro.*

Foram criadas infecções experimentais em vitelos de raça cruzada com esporozoítos ou macrosquizontes atenuados de *T. annulata* para obter linfócitos sensibilizados e anti-soros. O antigénio solúvel de macrosquizontes ou lisado de células inteiras (WCL) foi preparado por sonicação de linfoblastos bovinos infectados com macrosquizontes e foi fraccionado por precipitação com cinco concentrações ascendentes de sulfato de amónio (AS), nomeadamente 20, 40, 50, 70 e 90 por cento. Foram também preparadas duas fracções subcelulares, nomeadamente o "pellet de baixa velocidade" (LSP) e o "sobrenadante de alta velocidade" (HSS), a partir de linfoblastos infectados por sonicação. As actividades biológicas das diferentes fracções do antigénio de schizont foram comparadas no ensaio de imunoabsorção enzimática (ELISA), no teste de inibição da migração de leucócitos (LMIT) e no teste de estimulação de linfócitos (LST). No ELISA, as fracções WCL, 70 e 50 por cento AS apresentaram respostas positivas, sendo o valor ELISA mais elevado detectado com a fração de 70 por cento em soros bovinos hiperimunes. Para o LMIT, as células mononucleares do sangue periférico (PBMC) de vitelos, quer infectados com esporozoítos quer imunizados com macrosquizontes atenuados, foram incubadas com antigénios para preparar "linfocinas" no sobrenadante de cultura (CS). Neste teste, foram registados resultados positivos com WCL, fracções de 50 e 70% de AS e a maior inibição da migração de leucócitos foi detectada no SC criado com uma fração de 50% de AS. No LST, as PBMC sensíveis foram estimuladas com diferentes antigénios de esquizontes e o grau de estimulação foi avaliado pela técnica de captação de timidina (metil-T). Foram registadas respostas positivas fortes em poços de controlo que continham linfoblastos bovinos vivos infectados com macrosquizontes e PBMC estimulados com concanavalina -A. Uma resposta de estimulação significativa nos linfócitos sensibilizados foi evocada por uma fração de 50% de AS, que foi comparável à evocada pelo antigénio completo do schizont (WCL).

BIBLIOGRAFIA

Ahmed, J.S., Diesling, L., Oechtering, H., Ouhelli, H. e Schein, E. 1988. O papel dos anticorpos na imunidade contra a infeção por *Theileria annulata* em bovinos. **Zentbl. Bacteriologie Parasitenkunde,** 267:425-431

Ahmed, J.S., Frese, K., Horchner, F., Rehbein, G., Schein, I. e Zweygarth, F. 1981. Immune response of calves against *Theileria annulata.* In: **Advances in the control of theileriosis** (Eds., Irvin, A.D., Cunningham, M.P. and Young, A,S.), Martinus Nijhoff, The Hague, pp 386-387.

Almeida, J.D., Atanasu, P., Bradley, D.W., Gardner, P.S., Maynard, J., Schuurs, A.W., Voller, A. e Yolken, R.H. 1979. A aplicação potencial do ensaio de imunoabsorção enzimática (ELISA) à virologia de diagnóstico. In: **Manual for rapid laboratory viral diagnosis**. W.H.O.Genebra, Publicação da OMS n.º 47: pp 23-29

Baldwin, C.L., Iams, K.P., Brown, W.C. e Grab, D.J. 1992. *Theileriaparva:* Os clones de células T CD4+ auxiliares e citotóxicas reagem com um antigénio derivado do esquizonte associado à superfície de linfócitos infectados com *Theileriaparva.* **Expl. Parasitol**, 75: 19-30.

Bansal, G.C., Ray, D., Srivastava, R.V.N. e Subramanian, G. 1987. Seroprevalência da teileriose bovina em algumas explorações da Índia. **Indian J. Anim. Sci.**, 57: 366-368.

Barnett, S.F. 1977. Theileria. In : Parasitic **protozoa**. Vol. IV (Ed. Kreier, J.P.), Academic Press, New York, pp 77-111.

*Bettencourt, A., Franca, C. e Borges, J. 1907. Un car de piroplasmose bacilliforme chez le daim. **Arch. R. inst. Bacteriol., Camara Pestana,** 1 : 341-349.

Bhattacharyulu, Y., Chaudhri, R.P. e Gill, B.S. 1975. Transmissão transestadial de *Theileria annulata* através de carraças de ixodídeos comuns que infestam o gado indiano. **Parasitology,** 71:1-7.

Boyum, A. 1968. Isolamento de células mononucleares e granulócitos do sangue humano. **Scand. J. Clin. Lab. Invest.,** 21: 77-89

Brown, W.C., Lonsdale-Eccles, J.D., Demartini, J.C. e Grab, D.J. 1990. Reconhecimento do antigénio solúvel de *Theileria parva* por clones de células T auxiliares de bovinos. Caracterização e purificação parcial do antigénio. **J. Imimiin,** 144: 271-277

Brown, C.G.D., Radley, D.E., Cunningham, M.P., Kirimi , I.M., Morzaria, S.P. e Musoke, A.J. 1977. Imunização contra a febre da costa leste (infeção por *Theileria parva* em bovinos) por infeção e quimioprofilaxia de tratamento com n-pirrolidinometil tetraciclina. **Z. Tropenmed. Parsitol,** 28 : 342-348.

Burridge, M.J., Morzaria, S.P., Cunningham, M.P. e Brown, C.G.D. 1972. Duration of immunity to East-coast fever *(Theileriaparva* infection of cattle). **Parasitology**, 64: 511-515.

Carpano, M. 1937.Su di un interesante caso di theilerio sin el bisontee considerazoni sulle diverse specie constituents il genera *Theileria.* **Riv. Parasitol,** 1: 309-323.

Cunningham, M.P. 1997. Imunização de bovinos contra *Theileriaparva.* In: **Immunity to blood parasites of animals and man** (Eds, Miller, L., Pino, J. e McKelvey, J.). Plenum Press, Nova Iorque, pp 189-207.

Daubney, R. e Sami-Said, M. 1951. Febre egípcia do gado. A transmissão de *Theileria annulata* (Dschunkowsky e Luhs, 1904) por *Hyalomma excavatum* (Koch, 1844). **Parasitologia**, 41: 249-260.

Delpy, L.P. 1952. Role des Hyalomma dans la transmission de la theileriose bovine, biologie et taxonomie des especes en cause. **Rept. 14th Int. Vet. Congr. Londres,** 1949, pp. 89-94.

Deshpande, P.D. 1989. Caracterização *in vitro* e *in vivo* de um isolado de *Theileria annulata* de Parbhani. Tese de doutoramento apresentada à Deemed University, Indian Veterinary Research Institute, Izatnagar, U.P., Índia, pp1-122.

Dhar, S., Bhattacharyulu, Y. e Gautam, O.P. 1973. Suscetibilidade do búfalo de água indiano *(Bubalus bubalis)* à infeção por *Theileria annulata.* **Haryana Agric. Univ. J. Res.,** 3: 27-30.

Dhar, S. e Gautam, O.P. 1978. Uma nota sobre a utilização de soro hiperimune na teileriose tropical bovina. **Indian J. Anim. Sci.,** 55: 738-740.

Dhar, S., Malhotra, D.V., Bhusan, C. e Gautam, O.P. 1987. Chemoprophylaxis with buparvaquone against theileriosis in calves. **Vet. Rec.,** 120: 375.
Dobbelaere, D.A.E., Spooner, P.R., Barry, W.C. e Irvin, A.D. 1984. O anticorpo monoclonal neutraliza a fase de esporozoíto de diferentes populações de *Theileriaparva*. **Parasite Immun,** 6: 361370.
Dobbelaere, D.A.E., Shapiro, S.Z., e Webster , P. 1985. Identificação de um antigénio de superfície em esporozoítos de *Theileriaparva* por anticorpo monoclonal. Proc. Natl. Acad. Sci., USA, 82 : 17711775.
*Dschunlowsky, E. e Luhs, J. 1904. Die piroplasmosen der Rinder. Vorlaufige Mitteilung. **Centralblt. Bakteriol,** 35: 486-492
Edward, J.T. 1925. **Relatório do Laboratório Bacteriológico Imperial, Mukteswar, para dois anos que terminam em 31 de[st] março de 1924.** Governo da Índia, Secção Central de Publicações, Calcutá, 1925, pp 48-50.
Emery, D.L. 1981. Transferência adotiva de imunidade à infeção por *Theileriaparva* (febre da costa leste) entre gémeos bovinos. **Res. Vet. Sci.,** 30: 364-367.
Emery, D.L., Eugui , E.M., Nelson, R.T. e Tenywa, T. 1981. Respostas imunes mediadas por células a *Theileriaparva* (febre da costa leste) durante a imunização e infecções letais em bovinos. **Immunology**, 43: 323-336.
Emery, D.L., Morrison, W.I., Buscher, G. e Nelson, R.T. 1982. Geração de citotoxicidade mediada por células contra *Theileriaparva* (febre da costa leste) após inoculação de bovinos com linfoblastos parasitados. **J. Immun.,** 128 :195-200.
Englard, Sasha e Seifter, Sam 1990. In: **Methods in enzymology**. Vol 182. **Guide to protein purification** (Ed., Murry P. Deutscher) A.P., pp 285-306.
Eugui, E.M. e Emery, D.L. 1981. Citotoxicidade mediada por células geneticamente restrita em bovinos imunes a *Theileriaparva.* Nature, 290: 251-254.
*Galuzo, I.G. 1935. Hotes vecteurs des theilerioses bovine de 1, URSS. **Trudy Tadzhiksk Bazy Acad. Nauk SSSR,** 5: 187-197.
*Galuzo, I.G. e Bespalov, V.M. 1935. Bergweiden als prophylaktische Massregel gegen pyroplasmose des Rindes in Hissartal. **Trudy Tadzhiksk Bazy Acad. Nauk. SSSR.,** 5: 199-204.
Gautam, O.P. 1976. Infeção por *Theileria annulata* na Índia. In: **Tick borne diseases and their vectors** (Ed., Wilde, J.K.H.) University of Edinburgh. Centro de Medicina Veterinária Tropical, Edimburgo, Reino Unido.
Gautam, O.P. 1981. Teileriose tropical bovina e seu controlo. In: **Advances in the control of theileriosis.** Proceedings of an international conference, Nairobi, February 9-13, 1981 (Ed., Irvin, A.D., Cunningham, M.P. and Young, A.S.) Martinus Nijhoff. Haia, pp 262-265.
Gautam, O.P. e Sharma, R.D. 1972. Theileriosis. **Proc. Primeiro Seminário de toda a Índia sobre doenças de protozoários do sangue. Hissar, 1972:** 1-19
Gautam, O.P., Sharma, R.D. e Kalra, D.S.1970. Theileriasis in exotic breeds and a Sahiwal calf. **Indian Vet. J.,** 47: 78-83.
Gill, G.S., Bansal, G.C., Bhattacharyulu, Y., Kaur, D. e Singh, A. 1980. Immunological relationship between strains of *Theileria annulata* (Dschunlowsky and Luhs, 1904). **Res. Vet. Sci.,** 29: 93-97.
Gill, B.S., Bhattacharyulu, Y. e Kaur, D. 1977. Estudos sobre a relação entre o quantum de infeção e a reação de insucesso de bovinos infectados com *Theileria annulata.* **Annals de la Societe Belge de Med. Tropicale,** 57: 557-567.
Gill, B.S., Bhattacharyulu, Y., Kaur, D. e Singh, A. 1976. Vaccination against bovine tropical theileriosis *(Theileria annulata* infection). **Nature** (Londres), 264: 355-356.
Gill, B.S., Bhattacharyulu, Y., Kaur, D. e Singh, A. 1977. Immunisation of cattle against tropical theileriosis *(Theileria annulata* infection) by "infection treatment" method. **Ann. Rech. Vet.,** 8:285-292.
Goddeeris, B.M., Morrison, W.I. e Teale, A.J. 1986. Generation of bovine cytotoxic cell lines, specific for cells infected with the protozoan parasite *Theileriaparva* and restricted by products of the major histocompatibility complex. **Eur. J. Immunol,** 16: 1243-1249.

Gonder, R. 1910. O desenvolvimento de *Piroplasmaparvum* nos vários órgãos do gado. **Trans. R. Soc.S.Afr.,** 2: 63-68.
Gray, M.A. e Brown, C.G.D. 1981. Neutralização *in vitro* da infecciosidade de esporozoítos teilerianos com soro imune. In: **Advances in the control of theileriosis.** Proceedings of an International Conference, Nairobi, February 9-13, 1981 (Eds., Irvin, A.D., Cunningham, M.P. and Young, A.S.) Martinus Nijhoff, The Hague, pp 127-129.
Gulati, R.L., Swarup, S. e Tyagi, R.P.S. 1967. Theileriasis in a Haryana Calf. **J.Res. Ludhiana,** 4: 121-122.
Hussain, A. e Mohanty, S.B. 1979. Imunidade mediada por células ao rinovírus bovino tipo 1 em bezerros. **Archs. Virology,** 59: 17-24.
Innes, E.A.1991. Linhas de células T *específicas de Theileria annulata*: A sua produção e aplicação. In: **Orientação e coordenação da investigação sobre a teileriose tropical.** Actas 2nd e Programa de Tecnologia para o Desenvolvimento. 18-22 de março de 1991, NDDB, Gujarat, pp 66-70.
Irvin, A.D. e Morrison, W.I. 1987. Imuno-patologia, imunologia e imunoprofilaxia das infecções por *Theileria*. In: **Immunology, Immunopathology and Immunoprophylaxis**. Vol. III (Ed., Soulsby, E.J.L.). CRC Press, Boca Raton, Florida, pp 223-274.
Jensen, J.B. e Trager, W. 1977. *Plasmodium falciparum* em cultura: Utilização de eritrócitos desactualizados e descrição do método do frasco de vela. **J. Parasitol,** 63: 883-886.
Kaneene, J.M., Anderson, R.K., Johnson, D.W., Muscoplat, C.C., Nicoletti, P., Angus, R.D., Pietz, D.E e Klausner, D.J. 1978. Ensaio de estimulação de linfócitos no sangue total para medição das respostas imunitárias mediadas por células na brucelose bovina. **J. Clin. Microbiol,** 7: 550-557.
Kathuria, J.D. 1963. Theileriasis in cattle of military dairy farms, India. **Indian Vet. J.,** 40: 567574.
*Koch, R. 1898. **Reiseberichte uber Rinderpest, Bubonenpest in Indian Und Africa. Tsetseorder Surrakrankheit,Texasfieber, tropische Malaria Schwarzwasserfieber,** pp 1-136.
*Koch, R. 1905. Vorlaufige Mitteilungen uber die Ergebnisse einer Forschungs reise nach Ostafrika. **Duet. Med. Wochscher,** 31: 1865-1869.
Kumar, A., Sarup, S., Sharma, R.D., Nichani, A.K. e Goel, P.1990. Quimioimunoprofilaxia com bupavaquona contra a infeção por *Theileria annulata* em vitelos bovinos. **J.Vet.Parasitol,** 4: 27-29.
Lemonneir, F., Mescher,M., Sherman, L. e Burakoff, S. 1978. A indução de linfócitos T citolíticos com membranas plasmáticas purificadas. **J.Immun.,** 120: 1114-1120.
Lingard, A. 1905. Algumas formas de espiroquetose encontradas em animais na Índia. **J.Trop.Vet. Sci.,** 2: 261-286 (citado por Mohan, 1972).
Lowry, O.H., Rosenbrough, N.J., Farr, A.L. e Randall, R.J. 1951. Medição de proteínas com o reagente de folina-fenol. **J. Biol. Chem.,** 193: 265-275.
Mathur, S.C., Jain, V.K. e Srivastava, J.B. 1971. Theileriosis in Jersey bulls. **Indian Vet.J.,** 48: 962-967.
McHardy, N. e Wakesa, S. 1985. Buparvaquona (BW720 C). Uma nova naftoquinona anti-helmíntica: In: **Immunization against theileriosis** (Ed., Irvin, A.D.), ILRAD, Nairobi, pp 88.
*Merutyan, E.M.I. 1955. [Infeção por *Theileria annulata* em búfalos]. (Em russo). **Trudy Armyanslogo Nauchnoissledovatelskogo Vet.** Inst., 8: 77-81.
Mohan, R.N. 1972. Teileriose bovina detectada em 1905. **Haryana Veterinarian,** 11: 26-28.
Morrison, W.I., Goddeeris, B.M., Brown, W.C., Baldwin, C.L. e Teale, A.J. 1989. *Theileria parva* em bovinos: Characterization of infected lymphocytes and the immune responses they provoke. **Vet. Immun. Immunopath.,** 20: 213-217.
Morrison, W.I., Lalor, P.A., Goddeeris, B.M. e Teale, A.J. 1986. Theileriosis: Antigénios e interacções hospedeiro-parasita. In: Parasitic **Antigens Towards New Strategies for Vaccines** (Ed., Pearson, T.W.) Marcel Dekker Inc., Nova Iorque, pp 167-213.
Morzaria, S.P. e Nene, V. 1990. Teileriose bovina: Progresso nos métodos de imunização. **Int. J. Anim. Sci.,** 5 : 1-14.
Muhammed, S.I., Lauerman, L.H. e Johnson, L.W. 1975. Efeito de anticorpos humorais no curso da infeção por *Theileriaparva* (ECF) em bovinos. **Am. J. Vet . Res.,** 36: 399-402.

Muhammed, S.I., Wagner, G.G. e Lauerman, L.H. 1974. Inibição da migração de leucócitos como modelo para a demonstração de células sensibilizadas na febre da costa leste. **Immunology**, 27: 10331037.
Musoke, A.J., Morzaria, S., Nkonge, C., Jones, E. e Nene, V. 1992. Um antigénio de superfície recombinante de esporozoítos de *Theileriaparva* induz proteção em bovinos. **Proc. Natl. Acad. Sci.,** USA, 89: 541-548
Musoke, A.J., Nantulya, V.M., Buscher, G., Masake, R.A. e Otim, B. 1982. Respostas imunes dos bovinos a *Theileriaparva:* anticorpos neutralizantes para esporozoítos. **Immunology**, 45 : 663-668.
Musoke, A.J., Nantulya, V.M., Rurangirwa, F.R. e Buscher, G. 1984. Evidência de um determinante antigénico protetor comum em esporozoítos de várias estirpes de *Theileriaparva.* **Immunology**, 52: 231-238.
Narsimhamurthy, G., Reddy, J.S. e Eswariah 1968. Um caso de teileríase e seu tratamento. **Indian Vet. J.,** 45: 358-364.
Pearson, T.W., Lundin, L.B., Dolan, T.T. e Stagg, D.A. 1979. Imunidade mediada por células a linhas celulares transformadas de Theileria. **Nature** (Londres), 281: 678-680.
Pipano, E. 1974. Aspectos imunológicos da infeção por Theileria annulata. Bull. Off. Int. epizoot., 81: 139-159.
Pipano, E. 1981. Esquizontes e estádios da carraça na imunização contra a infeção por *Theileria annulata.* In: **Advances in the control of Theileriasis**. Actas de uma Conferência Internacional, Nairobi, 9-13 de fevereiro de 1981 (Eds., Irvin, A.D., Cunningham, M.P. e Young, A.S.). Martinus Nijhoff, Haia, pp 508-563.
Pipano, E. 1984. Imunização contra a infeção por Theileria annulata. In: **Controlo de carraças e doenças transmitidas por carraças**. Um manual prático de campo. Vol. III FAO, Nações Unidas, Roma, pp 508-563.
Pipano, E. 1989. Teileríase bovina em Israel. **Rev. Sci. tech. Off. Int. Epiz**., 8: 79-87.
Pipano, E., Weisman, Y. e Benado, A. 1974. Virulência de quatro estirpes locais de *Theileria annulata.* **Refuah Vet**., 31: 59-63.
Prasad, M.C., Ansari, S.A. e Kuppuswamy, P.B. 1970. Patologia da teileriose bovina. **Indian J. Anim. Sci**., 40: 622-625.
Preston, P.M. e Brown, C.G.D. 1985. Inibição da invasão de linfócitos por esporozoítos e transformação de linfócitos infectados com trofozoítos *in vitro* por soro de bovinos imunes a Theileria annulata. **Parasite Immun**, 7: 301-314.
Preston, P.M. e Brown, C.G.D. e Spooner, R.L. 1983. Citotoxicidade mediada por células na infeção de bovinos por Theileria annulata com evidência de restrição de BoLA. Clin. Expl. Immun., 53: 88-100.
Preston, P.M., McDougall, C., Wilkie, G., Shiels, B.R., Tait, A. e Brown, C.G.D. 1986. Lise específica de células linfoblastóides infectadas com *Theileria annulata* por um anticorpo monoclonal que reconhece um antigénio associado à infeção. **Parasite Immun**, 8: 369-380.
Purnell, R.E. 1978. Theileria annulata como um perigo para o gado em países do litoral norte do Mediterrâneo. **Vet. Sci. Communs,** 2: 3-10.
Radley, D.E. 1981. Infeção e método de tratamento da Imunização. In: **Advances in the control of Theileriosis.** Actas de uma Conferência Internacional, Nairobi, 9-13 de fevereiro de 1981 (Eds., Irvin, A.D., Cunningham, M.P. e Young, A.S.). Martinus Nijhoff, Haia, pp 227-234.
Radley, D.E., Brown, C.G.D., Burrdige, M.J., Cunningham, M.P., Peirce, M.A. e Purnell, R.E. 1974. Febre da costa leste: estudos quantitativos de *Theileriaparva* em bovinos. **Expl. Parasitol**, 36: 278-287.
Rafyi, A. e Maghami, G. 1962. Etat actuel de nos connaissance sur les theileriosis (gonderloses) et. 1. aspect de ces maladies en Iran. **Bull. Off. Int. epizoot**., 58: 119-146.
Ray, D. e Subramanian, G. 1986a. *Theileria annulata.* Virulência dependente da dose para bovinos. **Indian J. Parasitol**, 10: 181-183.
Ray, D. e Subramanian, G. 1986b. Cell mediated immune response in cattle to *Theileria annulata* inhibition of lymphocyte migration and rosette forming tests. **Indian J. Parasitol,** 10: 127-133.

Rehbein, G., Ahmed, J.S., Schein, E., Horchner, F. e Zweygarth, E. 1981. Aspectos imunológicos da infeção por *Theileria annualata* em vitelos. 2. Produção de favtor de inibição da migração de macrófagos (MIF) por linfócitos sensibilizados de vitelos infectados com Theileria annulata. Z. **Tropenmed. Parasitol**, 32: 154-156.
Robinson, P.M. 1982. *Theileria annulata* e sua transmissão - uma revisão. **Trop. Anim. Hlth. Prod.,** 14: 3-12.
Robson, J., Robb, J.M., hawa, N.J. e Al-wahayyib, T. 1969. Carraças (ixodoidea) de animais domésticos no Iraque. Parte 7. Incidência sazonal em bovinos, ovinos e caprinos na planície do vale do Tigre-Eufrates. **J. Med. Ent**., 6: 127-130.
Rockli, R.E. 1974. Produtos de linfócitos activados: Fator inibidor de leucócitos (LIF) distinto do fator inibidor da migração (MIF). **J. immun**., 112: 1461-1466.
Roitt, M. Ivan 1977. Hipersensibilidade. Em **Essential Immunology**. 3rd Ed. Blackwell Scientific Publications, Londres, pp 151-187.
Saito, M., Hirose, T., Miyagami, T., Sakurai, H., Saito, A. e Suzuki, N. 1986. A rise and fall of humoral antibody in calves experimentally infected with *Babesia ovata* or *Theileria sergenti.* **Jap. J. vet. Sci**., 48: 599-602.
Sayin, F. 1986. Theileriosis in Turkey. In: **Orientation and Coordination of research in Tropical theileriosis** (Report of EEC Workshop), Centre for the Tropical Veterinary Medeicine, Edinburg, 38-39.
Sen, S.K. 1932. **Relatório da secção de protozoologia. stRelatório anual do Instituto Imperial de Investigação Veterinária, Mukteswar, para o ano que termina em 31 de março de 1932**. Governo da Índia, Secção Central de Publicações, Calcutá, 1932, p. 30.
Sen, S.K. e Srinivasan, M.K. 1937. Theileriasis of cattle in India. **Indian J. Vet. Sci. Anim. Husb.**, 7: 15-37.
Sergent, E., Donatien, A., Parrot, L, e Lestoquard, F. 1945, **Etudes sur les piroplasmoses bovines.** Alger. Pp 1-86.
Sharma, R.D. e Gautam, O.P. 1971. Theileriasis II. Casos clínicos em vitelos indígenas. **Indian Vet.J.,** 48:83-91.
Sharma, R.D e Gautam, O.P. 1973. Teileríase cerebral num bezerro de Haryana. **Indian Vet.J.,** 50:823
Shastri, U.V., Deshpande, P.D. e Deshpande, M. S. 1980. Some observations on *Theileria mutans-like* haemoprotozoan parasites of cattle in Maharashtra. In: **Haemoprotozoan diseases of domestic animals.** Proceedings of seminar on Haemoprotozoan diseases, Hissar, India (Eds., Gautam, O.P., Sharma, R.D. and Dhar, S.) October 27- November 1, 1980, p.83.
Shiels, B., Mcdougall, C., Tait, A. e Brown, C.G.D. 1986. Identificação de antigénios associados à infeção em células *transformadas de Theileria annulata*. **Parasite. Immun .,** 8: 69-77.
Singh, D.K. 1986. Tropical theileriosis in India. In**: Orientation and coordination of Research in Tropical Theileriosis** (Report of EEC Workshop), Centre for Tropical Veterinary Medicine, Edinburgh, pp 40-42.
Singh, D.K. 1991. Theileriosis in India. In: **Orientação e Coordenação da Investigação sobre a Theileriose Tropical.** Actas, 2nd Workshop Internacional, Programa de Ciência e Tecnologia para o Desenvolvimento das Comunidades Europeias, 18-22 de março de 1991, NDDB, Gujarat, pp 23-28.
Singh, D.K., Jagdish, S. e Gautam, O.P. 1977. Imunidade mediada por células na teileriose tropical (infeção por *Theileria annulata*). **Res Vet. Sci.,** 23: 391-392
Subramanian, G. 1991. Problemas encontrados na aplicação no terreno da vacina contra *a Theileria.* In:
Orientação e coordenação da investigação sobre a teileriose tropical. Actas, 2nd Workshop Internacional, Comunidades Europeias, Programa de Ciência e Tecnologia para o Desenvolvimento. 18-22 de março de 1991, NDDB, Gujarat, pp 112-113.
Subramanian, G., Bansal, G.C., Ray, D. e Srivastava, R.V.N. 1989. Effect of live schizont vaccine *(Theileria annulata)* in very young cros-bred bovine calves. **Indian J. Anim. Sci.,** 59: 9
1 3.

Subramanian, G., Ray, D. e Naithani, R.C. 1986. Cultura *in vitro* e atenuação de macrosquizontes de *Theileria annulata* (Dschunkowsky e Luhs, 1904) e utilização *in vivo* como vacina. **Indian J. Anim. Sci.,** 56: 174-182.
Subramanian, G., Srivastava, R.V.N., Bansal, G.C e Ray, Debdatta 1988. A field trial with live schizont vaccine for control of bovine theileriosis. **Indian J. Anim. Sci.,** 58: 635-638.
Tait, A. e Hall, F.R. 1990. *Theileria annulata*: Medidas de controlo, diagnóstico e utilização potencial de vacinas de subunidade. **Rev. Sci. Off.int. Epiz.,** 9: 387-403.
Takahashi, K., Sonoda, M. e Kurosawa, T. 1980. Immune response in cattle experimentally infected with *Theileria sergenti.* **11th Inter. Congr. Dis. Cattle.,** 1: 691-705.
Terrant, J.R. 1964. Avaliação das técnicas de azul de tripan para determinação da viabilidade celular. **Transplantation**, 2: 685-696
Theiler, A. 1904. Febre da costa leste. **Transvaal Agr. J.,** 2: 421-438.
Theiler, A. 1906. *Piroplasma mutans* (n.sp.) do gado sul-africano. **J. Comp. Path. Therap.,** 19: 292-300.
*Tselishcheva, L.M. 1940. [Transmissão experimental da teileriose bovina pela carraça Hyalomma (Koch, 1884)] (em russo). **Sovet. Vet.,** 17: 31-35.
Tsur-Tchernomoretz, I. 1945. Multiplicação *in vitro* de corpos de Koch de *Theileria annulata.* Nature (Londres), 156: 391
Tyler, L. 1981. Some aspects of the economic appraisal of East Coast Fever Control Programmes (Alguns aspectos da avaliação económica dos programas de controlo da febre da costa leste). In: **Advances in the Control of Theileriosis**. Proceedings of an international Conference, Nairobi, February 9-13, 1981 (Eds., Irvin, A.D., Cunningham, M.P. and Young, A. S.). Martinus Nijhoff, Haia, pp 393-404.
Uilenberg, G. 1976. Doenças do gado transmitidas por carraças e seus vectores. 2. Epizootiologia das doenças transmitidas por carraças. **Wld. Anim. Rev.,** 17: 8-15
Uilenberg, G. 1981. Espécies de galinhas do gado doméstico. In: **Advances in the control of theileriosis.** Proceedings of an international Conference, Nairobi, February 9-13, 1981 (Eds., Irvin, A.D., Cunningham, M.P. and Young, A.S.), Martinus Nijhoff, The Hague, pp 4-37.
Uilenberg, G., Silayo, R.S., Mpangala, C., Tondeur, W., Tatchell, R.J. e Sanga, H.J.N. 1977. Estudos sobre Theileriidae (Sporozoa) na Tanzânia. X. Um ensaio de campo em grande escala sobre imunização contra a teileriose do gado. **Z. Tropenmed. Parasitol,** 28: 499-506
Wagner, G.G., Brown, C.G.D.M Duffus, W.P.H., Kimber, C.D., Crawford, J.G. e Lule, M. 1974. Immunochemical studies on the East coast fever. 1. Segregação parcial e caraterização do antigénio de *Theileriaparva* schizont. **J. Parasitol .,** 60: 848-853.
Ware, F. 1936. stRelatório Anual do Instituto Imperial de Investigação Veterinária, Mukteswar, para o ano que termina em 31 de março de 1936. Diretor de Publicações, Deli, 1936, pp 34-35.
Wilde, J.K.H. 1967. Febre da costa leste. In: Advances in Veterinary science. Vol.II (Eds., Brandly, C.A. e Charles, C.). Academic Press, Nova Iorque, pp 207-253.
Williamson, S., Tait, A., Brown, D., Walker, A., Beck, P., Shiles, B., Fletcher, J. e Hall, R. 1989. O antigénio de superfície do esporozoíto de *Theileria annulata* expresso em *Escherichia coli* provoca anticorpos neutralizantes. Proc. Natl. Acad. Sci., U.S.A., 86: 4639-4643.
*Yakimoff , V.L. e Dekhtereff, N.A. 1930. Zur Frange Uber die Theileriose in Obtsibirien. **Arch. Protistenk.,** 72: 176-189.
- Original não visto.

APÊNDICE

1.

Solução salina tamponada com fosfato sem Ca e Mg (Ph-7.2)

Nacl	:	8gm
KCl	:	0,2 gm
Na_2HPO_4,$2H_2O$	:	1,41 gm
KH_2PO_4	:	1,2 gm
Diluir até	:	1 litro

2. **Tampão de lavagem ELISA**

a) 10 X tampão de lavagem ELISA (0,5% Tween-20).

Para 1000 ml:

A 900 ml de dd H_2O adicionar:

80 g de NaCl (cloreto de sódio)

27 gm Na_2HPO_4. $7H_2O$ (Fosfato de sódio dibásico)

4 g de KH_2PO_4 (fosfato de potássio monobásico)

Completar a 995 ml com ddH_2O

Em seguida, adicionar 5 mls de Tween-20 para um volume final de 1000 mls.

b) 1 X tampão de lavagem ELISA

(0,05% Tween-20)

Para 1000 ml:

Adicionar 100 ml de tampão de lavagem ELISA 10X e 900 ml de ddH_2O.

3. **Tampão de bloqueio ELISA**

(1% BSA)

Adicionar 100 ml de PBS e 1 g de albumina de soro bovino.

4. **Tampão citrato-fosfato**

(0,15 M, Ph-5.0)

Ácido cítrico : 7,3 gm

$Na_2HPO_4,2H_20$: 11,86 gm

Água destilada : 1000 ml

Ajustar o pH com ácido ou sal dibásico da mesma molaridade.

Adicionar OPD-40 mg/ 100 ml de tampão citrato-fosfato e adicionar 40 ul/ de H_2O_2 a 30 por cento.

5. **Líquido de cintilação**

PPO (2,5-difeniloxazol) : 4 gm

POPOP [1-4-bis (5-feniloxazolil)benzeno] : 200 mg

Tolueno : 1000 ml

6. **Soluções para a estimativa de proteínas**

A. **Reagente de cobre**

a) Solução de carbonato de sódio - 4 %

(4 g de carbonato de sódio são dissolvidos em 100 ml de água bidestilada)

b) Fosfato de sódio tartarato-4%

(4 g de tartarato de sódio e potássio são dissolvidos em 100 ml de água bidestilada)

c) Solução de sulfato de cobre a 2 %

(2 g de sulfato de cobre são dissolvidos em 100 ml de ddH_2O).

As soluções acima referidas (a), (b) e (c) são misturadas na proporção de 100:1 :1, respetivamente, e bem misturadas.

B. **Reagente de Folin**

Para ser utilizado diluído 1:10 com ddH_2O.

C. **Albumina de soro bovino**

1 mg/ml ddH_2O.

VITA

Nasceu em 4 de novembro de 1968 em Daluigacha, Distt. Hooghly, Bengala Ocidental, Índia. Passou no exame Madhyamik e no exame secundário superior do Conselho do Ensino Secundário de Bengala Ocidental e do Conselho do Ensino Secundário Superior de Bengala Ocidental em 1985 e 1987, respetivamente, obtendo as primeiras divisões. Licenciou-se em Ciências Veterinárias e Criação de Animais na Bidhan Chandra KRISHI Viswavidyalaya, Mohanpur, em 1992, e ingressou no Indian Veterinary Research Institute, Izatnagar, Bareilly, UP, Índia, para obter o grau de Mestre em Parasitologia Veterinária em setembro de 1992.

Recebeu a Bolsa de Mérito Universitário durante a carreira de B.V.Sc. & A.H. e foi galardoado com a Bolsa de Investigação Júnior do I.V.R.I. durante o seu curso de Mestrado.

Endereço permanente

Dr. Gautam Patra

Professor Assistente (SS)

Faculdade de Ciências Veterinárias e Zootecnia

Selesih, Aizawl, Mizoram, Índia

Pino-796104

Printed by Books on Demand GmbH, Norderstedt / Germany